Calculus with Brief Introduction to Differential Equations and Matrices

대학일반수학

김미화 · 김연욱 · 김정헌 지음

북스힐

머리말

최근 인공지능은 공학을 포함한 많은 분야에서 중요한 주제가 되었고, 대학의 많은 학과가 인공지능과 관련된 강의를 개설하고 있다. 이에 따라 인공지능 분야의 학문적 기초인 미적분학에 행렬이론과 미분방정식의 일정 부분을 추가한 강의가 나타나고 있다. 일반적으로 미적분학은 함수, 극한, 미분, 적분, 수열과 급수를 주된 내용으로 한다. 미적분학은 그 범위가 넓을 뿐만 아니라, 학습에서도 개념의 섬세한 이해가 요구된다. 내용을 조절하지 않는다면 한 학기 강의로 미적분학, 행렬이론, 미분방정식을 모두 공부하는 것은 어려운 일이다.

이 책은 한 학기 강의를 염두에 두고 쓴 것이다. 무한급수를 내용에 포함하지 않았고, 미분방정식의 기본 개념과 행렬의 기초 연산을 포함하였다. 계산 중심의 예제의 수를 줄이려고 하였다. 수학을 응용하는 분야에서는 계산의 과정보다 그 결과가 더 중요한 경우도 있다. 계산을 위해 만들어진 다수의 소프트웨어들은 미적분, 행렬, 미분방정식의 많은 문제에 대한 정확한 답을 제공한다. 이 책을 공부하면서 이런 소프트웨어를 사용해 보는 것도 좋은 경험이 될 것이다.

이 책이 인공지능을 비롯한 수학의 응용 분야를 공부하려는 학생들에게 기초적인 지식을 제공하여 공부에 도움이 되기를 기대합니다. 그리고 출판에 도움을 주신 도서출판 북스힐의 여러분들에게 고마운 마음을 전합니다.

2023년 9월　저자 일동

차 례

1

함수의 극한과 연속

1. 함수
2. 함수의 극한
3. 연속함수

함수는 미적분학의 가장 큰 주제이다. 이 장에서는 함수와 관련된 몇 가지 용어를 정의하고 함수의 극한과 연속성에 대해 알아 본다. 어떤 현상을 함수로 나타냈을 때 특정한 시간 또는 위치에서 그 현상이 갖는 특성은 함수의 극한으로 추측할 수 있다. 만일 그 함수가 연속이라면 특정한 점 근방에서의 현상을 좀 더 편리하게 해석할 수 있다.

1. 함수

함수는 두 집합 사이의 관계로 어떤 집합의 한 원소를 입력(input)하면 정해진 규칙에 따라 다른 집합의 한 원소를 출력(output)하는 기능을 갖는다. 시간을 입력하면 정해진 한 기차의 위치를 알려주는 기능은 하나의 함수이다. 자연현상이나 사회현상을 함수로 나타내면 수학적 논리를 바탕으로 현상을 과학적으로 분석하고 예측할 수 있다. 이 책에서 다루는 함수는 대부분 실수의 부분집합들 사이의 관계이다.

■ **열린구간, 닫힌구간**. 두 실수 $a, b\,(a < b)$에 대해 (a, b), $[a, b]$, $(a, b]$, $[a, b)$를 실수의 부분집합

$$(a, b) = \{x \in \mathbb{R} \,|\, a < x < b\}, \tag{1.1}$$

$$[a, b] = \{x \in \mathbb{R} \,|\, a \le x \le b\}, \tag{1.2}$$

$$(a, b] = \{x \in \mathbb{R} \,|\, a < x \le b\}, \tag{1.3}$$

$$[a, b) = \{x \in \mathbb{R} \,|\, a \le x < b\} \tag{1.4}$$

로 약속하고 집합 (1.1)을 **열린구간**(open interval), (1.2)를 **닫힌구간**(closed interval), (1.3), (1.4)를 **반열린구간**(half open interval)이라고 한다. 위의 구간들은 모두 $b - a$가 유한하다는 의미에서 **유계인 구간**(bounded interval)이라고 한다.

$a = -\infty$ 또는 $b = \infty$인 경우

$$(a, \infty) = \{x \in \mathbb{R} \,|\, a < x < \infty\}, \tag{1.5}$$

$$(-\infty, b) = \{x \in \mathbb{R} \,|\, -\infty < x < b\}, \tag{1.6}$$

$$[a, \infty) = \{x \in \mathbb{R} \,|\, a \le x < \infty\}, \tag{1.7}$$

$$(-\infty, b] = \{x \in \mathbb{R} \,|\, -\infty < x \le b\} \tag{1.8}$$

로 약속한다. 위의 구간 (1.5) - (1.8)은 유계인 구간이 아니다. 구간 $(-\infty, \infty)$는 실수 전체 집합 $\mathbb{R}$을 나타낸다.

예제 1. 집합 $(-1, 3)$은 실수의 부분집합

$$(-1, 3) = \{x \in \mathbb{R} \,|\, -1 < x < 3\}$$

으로 유계인 열린구간이고, 집합 $(-\infty, 2]$는 유계가 아닌 닫힌구간으로

$$(-\infty, 2] = \{x \in \mathbb{R} \mid -\infty < x \leq 2\}$$

를 나타낸다.

■ **함수**. 함수는 어떤 것을 입력하는가에 따라 출력이 정해지는 입력과 출력 사이의 의존적 관계이다.

> **정의 1.1** 함수 f는 집합 D의 각각의 원소 x를 집합 E의 꼭 하나의 원소 $f(x)$에 대응하는 관계로 $f : D \to E$로 나타낸다.

만일 어떤 점 $x(\in D)$에 대해 $f(x) \notin E$이거나 $f(x)$가 E안의 두 점 이상에 대응되면 f는 x에서 정의되지 않는다고 한다. 집합 D는 f가 정의되는 점들의 집합이어야 한다. 집합 D를 f의 **정의역**(domain), E를 f의 **공역**(codomain)이라고 한다. 함수의 정의역과 공역이 주어지지 않은 경우에 정의역은 그 함수가 정의될 수 있는 최대집합으로 하고, 공역은 실수 전체 집합으로 한다.

정의역에 속하는 임의의 원소는 기호 x로 나타내는 경우가 많으며 x를 f의 **독립변수**(independent variable)라고 한다. 함수 f의 정의역에 속하는 각각의 x에 대해 $f(x) \in E$를 x의 f에 의한 **상**(image)이라고 한다. 상들의 모임인 집합

$$\{y \in E \mid y = f(x),\ x \in D\}$$

를 f의 **치역**(range)이라고 한다. 치역은 공역 E의 부분집합이다. 치역의 원소를 나타내는 변수 y를 **종속변수**(dependent variable)라고 한다.

예제 2. (i) $f(x) = x^2$으로 정의된 함수 $f : [-1, 3) \to \mathbb{R}$의 정의역은 $[-1, 3)$이고 공역은 $\mathbb{R}$, 치역은 $[0, 9)$이다.

(ii) 함수 $f(x) = \frac{1}{x-1}$은 $x = 1$에서 정의되지 않는다. 이 함수의 정의역은 $(-\infty, 1) \cup (1, \infty)$이고, 치역은 $(-\infty, 0) \cup (0, \infty)$이다.

함수 $f : D \to E$의 **그래프**(graph), 또는 곡선 $y = f(x)$는 평면 위의 점 (x, y)들의 집합

$$\{(x, y) \in \mathbb{R}^2 \mid x \in D,\ y = f(x)\}$$

이다.

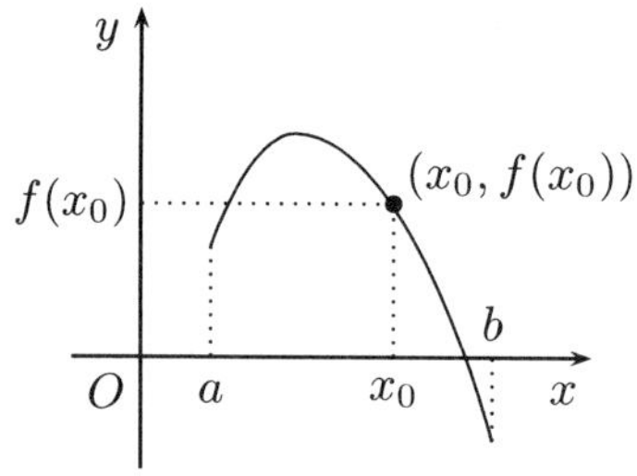

그림 1.1 $y = f(x)$의 그래프

■ **전단사함수**. 함수 $f : D \to E$가 **단사함수** 또는 **일대일함수**(one-to-one function) 라고 하는 것은 각각의 $y \in E$에 대해 $y = f(x)$인 x가 D안에 많아야 하나뿐인 때를 말한다. f가 단사함수이기 위한 필요충분조건은

$$x_1 \neq x_2 \quad \Rightarrow \quad f(x_1) \neq f(x_2) \tag{1.9}$$

이다. 또 f가 **전사함수** 또는 **위로의 함수**(onto function)라고 하는 것은 각각의 $y \in E$에 대해 $y = f(x)$인 x가 D안에 적어도 하나는 존재할 때를 말한다. 따라서 f가 전사함수이면 치역과 공역이 같은 집합이다. 단사함수이면서 전사함수를 **전단사함수** 또는 **일대일대응함수**(one-to-one correspondence)라고 한다. y_0가 E의 한 원소이고 $f : D \to E$가

(i) 단사함수이면 $f(x) = y_0$는 D에서 해를 갖지 않거나 하나의 해를 갖는다.

(ii) 전사함수이면 $f(x) = y_0$는 D에서 적어도 하나의 해를 갖는다.

(iii) 전단사함수이면 $f(x) = y_0$는 D에서 꼭 하나의 해를 갖는다.

예제 3. $f(x) = \sin x$로 정의된 함수 $f : D \to E$에서

(i) $D = [-\frac{\pi}{2}, \frac{\pi}{2}]$, $E = \mathbb{R}$이면 f는 단사함수지만 전사함수는 아니다.

(ii) $D = (0, 2\pi)$, $E = [-1, 1]$일 때 f는 전사함수지만 단사함수는 아니다.

(iii) $D = [-\frac{\pi}{2}, \frac{\pi}{2}]$, $E = [-1, 1]$일 때 f는 전단사함수이다. $|a| \leq 1$인 모든 실수 a에 대해 방정식 $\sin x = a$는 구간 $[-\frac{\pi}{2}, \frac{\pi}{2}]$안에서 꼭 하나의 해를 갖기 때문이다.

■ **증가, 감소함수.** 함수 f의 독립변수 x가 증가함에 따라 종속변수 $y = f(x)$가 증가 또는 감소하는 성향은 함수의 중요한 성질이다.

> **정의 1.2** 함수 f가 구간 I의 $x_1 < x_2$인 임의의 두 점 x_1, x_2에 대해
> i) $f(x_1) < f(x_2)$이면 f는 I에서 **증가한다**(increasing)라고 하고,
> ii) $f(x_1) > f(x_2)$이면 f는 I에서 **감소한다**(decreasing)라고 한다.

f가 정의역 안에서 증가(감소)하면 **증가(감소)함수**라고 한다. 증가함수와 감소함수를 통틀어 **단조함수**(monotone function)라고 한다. 단조함수는 단사함수이다.

예제 4. (i) $f(x) = \sqrt{x}$는 증가함수이다.

(ii) $f(x) = x^2 + 2x - 1$은 구간 $(-\infty, -1)$에서 감소하고, 구간 $(-1, \infty)$에서 증가한다.

■ **우함수, 기함수.** 정의역 안의 모든 점 x에서 $f(-x) = f(x)$인 함수 f를 **우함수**(even function)라고 한다. 함수 $f(x) = x^2$는 모든 x에 대해

$$f(-x) = (-x)^2 = x^2 = f(x)$$

이므로 우함수이다. 정의역 안의 모든 점 x에서 $f(-x) = -f(x)$인 함수 f를 **기함수**(odd function)라고 한다. 함수 $f(x) = \dfrac{1}{x}$은

$$f(-x) = -\frac{1}{x} = -f(x), \quad x \neq 0$$

이므로 기함수이다.

예제 5. (i) $f(x) = 2x^2 - 1$은

$$f(-x) = 2(-x)^2 - 1 = 2x^2 - 1 = f(x)$$

이므로 우함수이고 그래프는 y-축에 대해 대칭이다.

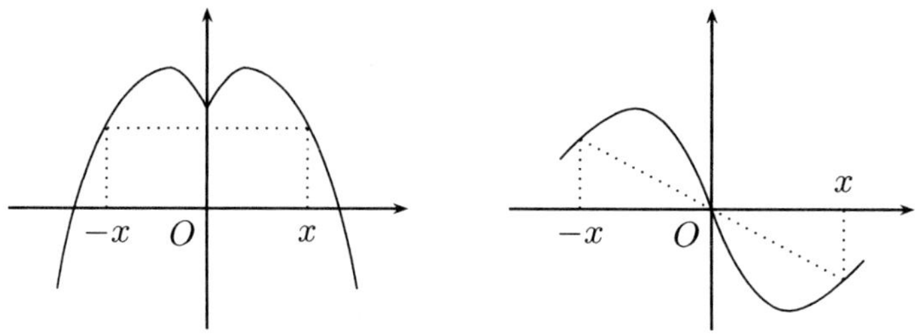

(a) 우함수 (b) 기함수

그림 1.2

(ii) $g(x) = x^3 - x$는

$$g(-x) = (-x)^3 - (-x) = -x^3 + x = -g(x)$$

이므로 기함수이고 그래프는 원점에 대해 대칭이다.

(iii) $h(x) = x^3 + 2x^2 + x + 2$는 우함수도 기함수도 아니다.

■ **주기함수**. 함수 f가 정의역 안의 모든 점 x에서 $f(a+x) = f(x)$인 고정된 양의 실수 a가 존재하면 f를 **주기함수**(periodic function)라고 하고 $f(a+x) = f(x)$를 만족하는 가장 작은 양의 실수 a를 f의 **주기**(period)라고 한다. 예를 들어 $f(x) = \sin x$는 주기가 2π인 주기함수이다.

■ **합성함수, 역함수**. 두 함수 $f : A \to X$, $g : B \to Y$에 대해 합 $(f+g)$와 차 $(f-g)$는

$$(f+g)(x) = f(x) + g(x), \quad (f-g)(x) = f(x) - g(x)$$

로 약속한다. 함수 $f+g$, $f-g$의 정의역은 $A \cap B$이다. 비슷하게 곱 fg와 나눔 $\frac{f}{g}$는

$$(fg)(x) = f(x)g(x), \quad \left(\frac{f}{g}\right)(x) = \frac{f(x)}{g(x)}$$

로 약속한다. fg의 정의역은 $A \cap B$이지만, $\frac{f}{g}$의 정의역은 $\{x \in A \cap B \mid g(x) \neq 0\}$이다.

두 함수 $f : A \to X$, $g : B \to Y$에서 f의 치역이 g의 정의역 B의 부분집합이면 즉 $\{f(x) \,|\, x \in A\} \subset B$이면 f, g를 이용하여 A에서 Y로의 함수를 정의할 수 있다.

> **정의 1.3** 함수 $f : A \to X,\ \ g : B \to Y$이고 $x \in A$에 대해 $f(x) \in B$일 때 **합성함수**(composite function) $g \circ f : A \to Y$는
>
> $$(g \circ f)(x) = g(f(x))$$
>
> 로 정의한다.

많은 함수들은 다항함수, 삼각함수, 로그함수, 지수함수 등의 기본적인 함수들의 합성함수로 나타내어진다. 그러므로 기본함수의 특성을 이해하면 복잡한 합성함수의 특성을 이해하는 데 도움이 된다.

예제 6. (i) $h(x) = (x^3 - 1)^2$은 $f(x) = x^3 - 1$, $g(x) = x^2$의 합성함수 $h(x) = g(f(x))$로 나타낼 수 있다.

(ii) $F(x) = \sqrt{\cos^3 x}$는 $f(x) = \cos x,\ g(x) = x^3,\ h(x) = \sqrt{x}$의 합성함수 $F(x) = h(g(f(x)))$로 나타낼 수 있다.

$f : D \to E$가 전단사함수이면 f의 역함수를 정의할 수 있다.

> **정의 1.4** $f : D \to E$가 전단사함수일 때 f의 **역함수** $f^{-1} : E \to D$는
>
> $$f^{-1}(y) = x \quad \Leftrightarrow \quad f(x) = y \tag{1.10}$$
>
> 로 정의한다.

함수 $f : D \to E$가 단사함수이지만 전사함수가 아닌 경우에 공역을 f의 치역 $\mathrm{Ran}(f)$로 제한하여 역함수

$$f^{-1} : \mathrm{Ran}(f) \to D$$

를 정의할 수 있다. 또 전사함수지만 단사함수가 아닌 경우 필요에 따라 정의역을 제한하여 역함수를 정의할 수 있다.

역함수의 정의, 식 (1.10)으로부터 $f^{-1} \circ f : D \to D$, $f \circ f^{-1} : E \to E$는 항등함수이다. 즉

$$(f^{-1} \circ f)(x) = f^{-1}(f(x)) = f^{-1}(y) = x, \quad x \in D, \tag{1.11}$$

$$(f \circ f^{-1})(y) = f(f^{-1}(y)) = f(x) = y, \quad y \in E \tag{1.12}$$

이다.

예제 7. 함수 $f : \mathbb{R} \to [0, \infty)$이 $f(x) = x^2$으로 정의되었을 때 정의역을 $[0, \infty)$로 제한하면

(i) $f : [0, \infty) \to [0, \infty)$는 전단사함수이고

(ii) f의 역함수 $f^{-1} : [0, \infty) \to [0, \infty)$는 $f^{-1}(x) = \sqrt{x}$이며

(iii) $x \in [0, \infty)$에 대해

$$(f^{-1} \circ f)(x) = f^{-1}(f(x)) = f^{-1}(x^2) = \sqrt{x^2} = x,$$

$y \in [0, \infty)$에 대해

$$(f \circ f^{-1})(y) = f(f^{-1}(y)) = f(\sqrt{y}) = (\sqrt{y})^2 = y$$

이다.

[연습문제 1]

1. 다음 함수 f의 정의역 $\mathrm{Dom}(f)$와 치역 $\mathrm{Ran}(f)$를 구하여라.

(a) $f(x) = \sqrt{-x^2 + 2x + 3}$ (b) $f(x) = \dfrac{x}{x-1}$

2. 다음 두 함수의 차이점을 설명하여라.

$$f(x) = x + 1, \quad g(x) = \frac{x^2 - 1}{x - 1}$$

3. $f(x) = x^2 + x + 1$일 때

(a) $y = f(x)$가 해를 갖는 점 y의 집합 $\{y \mid y = f(x), x \in \mathbb{R}\}$을 구하여라.

(b) f가 단사함수가 되도록 $x = 0$을 포함하는 최대 구간을 구하여라.

4. $f : [0, 1) \to [0, 1)$이 $f(x) = x^2$으로 정의되었을 때 f가

(a) 단사함수임을 보여라.

(b) 전사함수임을 보여라.

5. f가 우함수이면 f의 그래프는 $(x, f(x))$, $(x, f(-x))$를 모두 포함하고 y-축에 대칭임을 설명하여라.

6. 다음 함수 중 우함수와 기함수를 구하여라.

(a) $f(x) = x^4 - x^2 + 2$ (b) $f(x) = x^3 - 3x + 1$ (c) $f(x) = x|x|$

(d) $\dfrac{x}{x^2 + 1}$ (e) $\dfrac{x^2}{x^2 + 1}$ (f) $f(x) = \dfrac{x}{x + 1}$

7. (a) f, g가 모두 우함수이면 $f + g$, fg도 우함수인지 확인하여라.

(b) f, g가 모두 기함수이면 $f + g$, fg도 기함수인지 확인하여라.

8. a_k가 상수일 때 다음을 보여라.

(a) $f(x) = \displaystyle\sum_{k=0}^{n} a_k x^{2k}$는 우함수이다.

(b) $g(x) = \displaystyle\sum_{k=0}^{n} a_k x^{2k+1}$은 기함수이다.

9. 주기가 2인 주기함수 f의 구간 $[-1, 1)$에서의 함숫값이 $f(x) = x$일 때 함수 $f(x)$의 그래프를 그려라.

10. 주기함수는 단사함수가 아님을 설명하여라.

11. $f(x) = x^2 - 1$, $g(x) = \sqrt{x}$일 때 다음을 구하여라.

(a) f, g의 정의역 (b) $g \circ f$의 정의역 (c) $(g \circ f)(4)$

12. $h(x) = g(f(x))$일 때 다음 함수에서 f, g을 구하여라.

(a) $h(x) = (x^2 + x - 1)^3$ (b) $h(x) = \cos(x^2 - 1)$ (c) $h(x) = \frac{1}{\sqrt{x^2+2}}$

13. $f(x) = x^2 + 1$일 때 다음에 답하여라.

(a) f의 정의역을 $[-1, 1]$로 제한할 때 f의 역함수를 정의할 수 없음을 설명하여라.

(b) f의 정의역을 $[0, 2]$, 치역을 $[1, 5]$로 제한할 때 f의 역함수를 구하여라.

14. $f(x) = \cos x$의 정의역을 $[0, \pi]$로 제한하면 역함수 $f^{-1} : [-1, 1] \to [0, \pi]$를 정의할 수 있음을 설명하여라.

2. 함수의 극한

어떤 현상을 나타내는 함수가 특정한 시점에서 정의되지 않았다면 그 시점 가까이에서 함수의 움직임의 형태는 특정 시점의 상태를 짐작하는 데 도움을 줄 수 있다. 함수의 극한은 특정한 점 근방에서 함수의 움직임을 보여준다.

■ **함수의 극한.** f가 a 근방에서 정의된 함수라고 하자. 다시 말해 f가 a를 포함하는 적절한 열린구간에서 정의된 함수라고 하자. 다만 f는 a에서는 정의되지 않을 수도 있다. 이 때 f의 극한은 다음과 같이 정의한다.

> 정의 **1.5** x를 a에 충분히 가깝게 함으로써 $f(x)$를 실수 L에 임의로 가깝게 할 수 있으면 L을 x가 a에 접근할 때 $f(x)$의 **극한(limit)**이라고 하고
>
> $$\lim_{x \to a} f(x) = L$$
>
> 로 나타낸다.

앞의 정의 1.5에서 x를 a에 충분히 가깝게 하지만 결코 $x = a$는 아님에 유의해야 한다. 그림 1.3의 (a)는 $f(a) = L$, (b)는 $f(a) \neq L$, (c)는 f가 a에서 정의되지 않은 경우이지만 세 경우 모두 x가 a에 접근할 때 $f(x)$의 극한은 L이다.

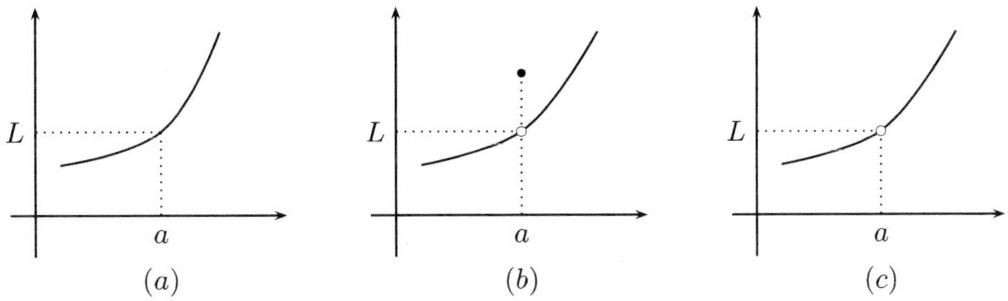

그림 1.3

그림 1.3에서 짐작할 수 있는 것처럼 $x = a$를 뺀 a근방의 모든 점 x에서 $f(x) = g(x)$이고, 극한 $\lim_{x \to a} f(x)$가 존재하면

$$\lim_{x \to a} f(x) = \lim_{x \to a} g(x)$$

이다.

예제 1. 극한 $\lim_{x \to 1} \dfrac{x-1}{x^2-3x+2}$를 구하여라.

(풀이) x가 1에 가깝게 되지만 $x - 1 \neq 0$이므로

$$\lim_{x \to 1} \frac{x-1}{x^2-3x+2} = \lim_{x \to 1} \frac{x-1}{(x-1)(x-2)} = \lim_{x \to 1} \frac{1}{x-2} = -1$$

이다.

■ **한쪽 극한.** a가 실수일 때 x가 a에 접근하는 것은 a와 x 사이의 거리의 문제이지 a와 x의 위치의 문제, 또는 대소의 문제는 아니다. 극한에서 위치 또는 대소의 문제를 고려한 접근 $x \to a$는 한쪽 극한을 정의할 수 있게 한다.

> **정의 1.6** x를 a의 왼쪽에서($x < a$) a에 충분히 가깝게 함으로써 $f(x)$를 실수 L에 임의로 가깝게 할 수 있으면 L을 x가 a에 접근할 때 $f(x)$의 좌극한(left-hand limit)이라고 하고
>
> $$\lim_{x \to a^-} f(x) = L$$
>
> 로 나타낸다.

우극한(right-hand limit)은 $\lim_{x \to a^+} f(x) = L$로 나타내며 이는 $x(> a)$를 a의 오른쪽에서 a에 충분히 가깝게 하면 $f(x)$를 L에 임의로 가깝게 할 수 있음을 뜻한다.

예제 2. 함수 $f(x) = \begin{cases} 1, & x < 1 \\ 2, & x \geq 1 \end{cases}$ 의 좌극한과 우극한은 각각

$$\lim_{x \to 1^-} f(x) = 1, \quad \lim_{x \to 1^+} f(x) = 2$$

이다. 그러나 극한 $\lim_{x \to 1} f(x)$는 존재하지 않는다.

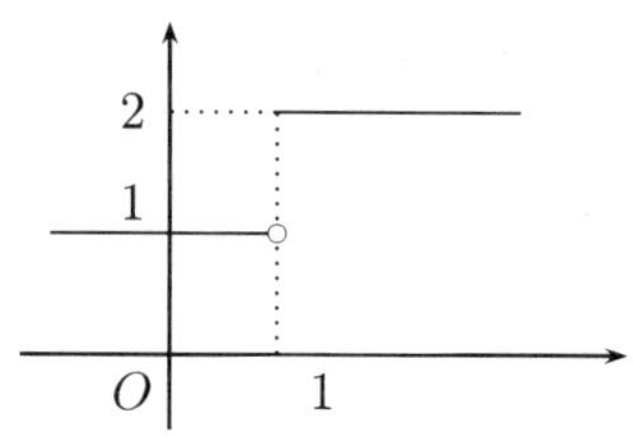

그림 1.4

위의 예제 2에서 예상할 수 있는 것처럼 극한이 존재하기 위해서는 좌극한과 우극한이 모두 존재하고 같은 극한값을 가져야 한다.

정리 1.7 $\lim_{x \to a} f(x) = L$이기 위한 필요충분조건은

$$\lim_{x \to a^-} f(x) = L = \lim_{x \to a^+} f(x)$$

이다.

정리 1.7은 좌극한 또는 우극한이 존재하지 않거나, 두 극한이 모두 존재하지만 서로 다르면 극한이 존재하지 않는다는 것을 말한다.

예제 3. 극한 $\lim_{x \to 0} \frac{|x|}{x}$ 가 존재하지 않음을 보여라.

(풀이) 좌극한과 우극한이 각각

$$\lim_{x\to 0^-}\frac{|x|}{x}=\lim_{x\to 0^-}\frac{-x}{x}=-1,\quad \lim_{x\to 0^+}\frac{|x|}{x}=\lim_{x\to 0^+}\frac{x}{x}=1$$

로 모두 존재하지만 서로 같지 않으므로 극한은 존재하지 않는다.

■ 무한 극한. 앞의 정의 1.5의 $\lim_{x\to a}f(x)=L$에서 a와 L은 유한한 실수이다. 극한은 이 두 수 a, L이 무한인 경우에도 생각할 수 있다. 먼저 a는 실수이고 $L=\infty$일 때, $\lim_{x\to a}f(x)=\infty$는 x를 a에 충분히 가깝게 함으로써 $f(x)$를 어떤 양수보다도 크게 할 수 있음을 뜻한다. 이 때 $f(x)$는 x가 a에 접근할 때 양의 무한대로 발산(diverge)한다고 한다.

$a=\infty$인 경우 $\lim_{x\to\infty}f(x)=L$은 x를 충분히 크게하면 $f(x)$를 L에 임의로 가깝게 할 수 있음을 말한다. a와 L이 모두 무한대일 때, $\lim_{x\to\infty}f(x)=\infty$는 x를 충분히 크게 함으로써 $f(x)$를 어떤 양수보다도 크게 할 수 있음을 뜻한다. 위에서 언급한 극한은 $a=-\infty$, $L=-\infty$일 때도 비슷한 방법으로 약속할 수 있고 한쪽 극한에 대해서도 같은 방법으로 설명할 수 있다.

예제 4. (i) $f(x)=\frac{1}{x^2}$일 때 $\lim_{x\to 0}f(x)=\infty$이다. 어떤 양의 실수 M에 대해서도 x가 $\frac{1}{\sqrt{M}}$보다 0에 가까우면 즉, $|x|<\frac{1}{\sqrt{M}}$이면

$$f(x)=\frac{1}{x^2}>\frac{1}{1/M}=M$$

이다.

(ii) $f(x)=\frac{1}{x}$일 때

$$\lim_{x\to\infty}\frac{1}{x}=0,\quad \lim_{x\to-\infty}\frac{1}{x}=0,\quad \lim_{x\to 0^-}\frac{1}{x}=-\infty,\quad \lim_{x\to 0^+}\frac{1}{x}=\infty$$

이다.

(iii) $f(x)=x^2$일 때 $\lim_{x\to\infty}x^2=\infty$이다.

■극한정리. 다음 정리는 두 함수의 합, 차, 곱, 나눔의 극한을 찾는데 편리하게 이용할 수 있다.

정리 1.8 $\lim_{x\to a} f(x) = A,\ \lim_{x\to a} g(x) = B$ 일 때

(i) $\lim_{x\to a} \alpha f(x) = \alpha \lim_{x\to a} f(x) = \alpha A$ (α는 상수)

(ii) $\lim_{x\to a}[f(x) \pm g(x)] = \lim_{x\to a} f(x) \pm \lim_{x\to a} g(x) = A \pm B$

(iii) $\lim_{x\to a}[f(x)g(x)] = \left(\lim_{x\to a} f(x)\right)\left(\lim_{x\to a} g(x)\right) = AB$

(iv) $\lim_{x\to a} \dfrac{f(x)}{g(x)} = \dfrac{\lim_{x\to a} f(x)}{\lim_{x\to a} g(x)} = \dfrac{A}{B}$ $(B \neq 0)$

이다.

예제 5. (i) $\lim_{x\to 0}(2\cos x - x) = \lim_{x\to 0}(2\cos x) - \lim_{x\to 0} x = 2\lim_{x\to 0}\cos x - \lim_{x\to 0} x = 2$

(ii) $\lim_{x\to 1} e^x \sin \pi x = \left(\lim_{x\to 1} e^x\right)\left(\lim_{x\to 1} \sin \pi x\right) = e \cdot 0 = 0$

(iii) $\lim_{x\to 1} \dfrac{2x^2 - 1}{x+1} = \dfrac{\lim_{x\to 1} 2x^2 - 1}{\lim_{x\to 1} x + 1} = \dfrac{1}{2}$

f가 a에서 정의된 함수라고 해도 극한값 $\lim_{x\to a} f(x)$가 함숫값 $f(a)$와 같을 필요는 없다. 그러나 극한값과 함숫값이 같은 함수도 있다. 즉 $\lim_{x\to a} f(x) = f(a)$인 경우도 있다. 이런 유형의 함수는 $x = a$근방에서 함수의 형태를 해석하는데 유리한 면이 있다. $\lim_{x\to a} c = c,\ \lim_{x\to a} x = a$이므로 정리 1.8로부터 다음의 정리를 얻는다.

정리 1.9 $f(x) = a_n x^n + a_{n-1}x^{n-1} + \cdots + a_1 x + a_0$ 이면

$$\lim_{x\to a} f(x) = f(a)$$

이다.

$p(x),\ q(x)$가 다항식일 때 $f(x) = \dfrac{p(x)}{q(x)}$의 형태로 주어진 함수를 **유리함수**(rational function)라고 한다. 정리 1.8, 1.9로부터 유리함수의 극한은

$$\lim_{x\to a} \frac{p(x)}{q(x)} = \frac{p(a)}{q(a)} \quad (q(a) \neq 0) \tag{1.13}$$

이다.

예제 6. $p(x) = x^3 - 2x + 3$, $q(x) = -2x^2 - 3x + 1$일 때

$$\lim_{x\to1} p(x) = p(1) = 2, \quad \lim_{x\to1} q(x) = q(1) = -4$$

이므로 $\displaystyle\lim_{x\to1} \frac{p(x)}{q(x)} = \frac{p(1)}{q(1)} = -\frac{1}{2}$이다.

다음은 극한이 갖는 일반적인 성질이다. 정리 1.10의 (ii)를 **조임정리**(squeeze theorem)라고 한다.

> **정리 1.10** 극한 $\lim_{x\to a} f(x)$, $\lim_{x\to a} g(x)$가 존재하고 함수 f, g, h가 점 a의 근방에서(a에서는 예외일 수 있음)
>
> (i) $f(x) \le g(x)$이면 $\lim_{x\to a} f(x) \le \lim_{x\to a} g(x)$,
>
> (ii) $f(x) \le h(x) \le g(x)$이고
>
> $$\lim_{x\to a} f(x) = L = \lim_{x\to a} g(x)$$
>
> 이면, $\lim_{x\to a} h(x) = L$이다.

예제 7. 극한 $\displaystyle\lim_{x\to0} x\sin\frac{1}{x}$을 구하여라.

(풀이) $\sin\frac{1}{x}$는 $x = 0$을 뺀 모든 점에서 $-1 \le \sin\frac{1}{x} \le 1$이므로

$$-|x| \le x\sin\frac{1}{x} \le |x|$$

이고 $\lim_{x\to0}(-|x|) = \lim_{x\to0}|x| = 0$이므로 정리 1.10의 (ii)조임정리에 의해

$$\lim_{x\to0} x\sin\frac{1}{x} = 0$$

이다.

[연습문제 2]

1. 아래 식의 성립여부를 판단하여라.

(a) $\dfrac{x^2-3x+2}{x-1}=x-2$ (b) $\lim\limits_{x\to1}\dfrac{x^2-3x+2}{x-1}=\lim\limits_{x\to1}(x-2)$

2. 다음 부등식이 성립하기 위해서 x는 2에 얼마나 가까워야 하는지 구하여라.

(a) $\dfrac{1}{(x-2)^3}>1000$ (b) $\dfrac{1}{(x-2)^3}>100000$

3. $\lim\limits_{x\to1}f(x)=2,\ \lim\limits_{x\to1}g(x)=-1,\ \lim\limits_{x\to1}h(x)=0$일 때 다음 극한을 구하여라.

(a) $\lim\limits_{x\to1}[2f(x)-g(x)]$ (b) $\lim\limits_{x\to1}f(x)g(x)$ (c) $\lim\limits_{x\to1}[g(x)]^2$

(d) $\lim\limits_{x\to1}\dfrac{f(x)}{2g(x)}$ (e) $\lim\limits_{x\to1}\sqrt{f(x)}$ (f) $\lim\limits_{x\to1}\dfrac{f(x)}{h(x)}$

4. 다음 극한이 존재하면 그 값을 구하여라.

(a) $\lim\limits_{x\to0}\dfrac{2x^2+x-1}{x^3+3}$ (b) $\lim\limits_{x\to1}\dfrac{x^2+x-2}{x-1}$ (c) $\lim\limits_{x\to2^-}\dfrac{\sqrt{4-x^2}}{x+2}$

(d) $\lim\limits_{x\to0^+}\dfrac{x^2+x-1}{x}$ (e) $\lim\limits_{x\to\infty}\dfrac{3x^2-x}{x^2+x-7}$ (f) $\lim\limits_{x\to-\infty}\dfrac{x^3-2x+5}{3x^2-2x-2}$

5. $\lim\limits_{x\to0}\dfrac{f(x)}{x^2}=3$일 때 다음을 구하여라.

(a) $\lim\limits_{x\to0}f(x)$ (b) $\lim\limits_{x\to0}\dfrac{f(x)}{x}$ (c) $\lim\limits_{x\to0}\dfrac{f(x)}{x^3}$

6. $f(x)=\dfrac{x^2+x-6}{|x-2|}$일 때

(a) $\lim\limits_{x\to2^+}f(x),\ \lim\limits_{x\to2^-}f(x)$의 값을 구하여라.

(b) $\lim\limits_{x\to2}f(x)$가 존재하는지 확인하여라.

7. 다음이 성립함을 설명하여라.

$$\lim_{x\to a}f(x)=L\ \Leftrightarrow\ \lim_{x\to a}|f(x)-L|=0$$

8. 정리 1.8과 비교하여 다음을 설명하여라.

(a) $\lim\limits_{x\to\infty}(x^2-x)\neq\lim\limits_{x\to\infty}x^2-\lim\limits_{x\to\infty}x$

(b) $\lim\limits_{x\to0}x\sin\dfrac{1}{x}\neq\left(\lim\limits_{x\to0}x\right)\left(\lim\limits_{x\to0}\sin\dfrac{1}{x}\right)$

9. 다음 극한이 존재하도록 a의 값을 정하고 이 때 극한값을 구하여라.

$$\lim_{x \to -2} \frac{3x^2 + ax + a + 3}{x^2 + x - 2}$$

10. $f(x) = \begin{cases} x^3, & x : \text{유리수} \\ 0, & x : \text{무리수} \end{cases}$ 일 때 극한 $\lim_{x \to 0} f(x)$를 구하여라.

11. $2x \leq f(x) < x^4 - x^2 + 2$일 때 극한 $\lim_{x \to 1} f(x)$를 구하여라.

12. 그림 1.5에서 선분 OA의 길이가 1, $0 < x < \frac{\pi}{2}$일 때 삼각형 OAB, 부채꼴 OAB, 직각삼각형 OAD의 넓이를 계산하고 다음을 보여라.

(a) $0 < \frac{1}{2} \sin x < \frac{1}{2} x < \frac{1}{2} \tan x$

(b) $\cos x < \frac{\sin x}{x} < 1$

(c) $\lim_{x \to 0} \frac{\sin x}{x} = 1$

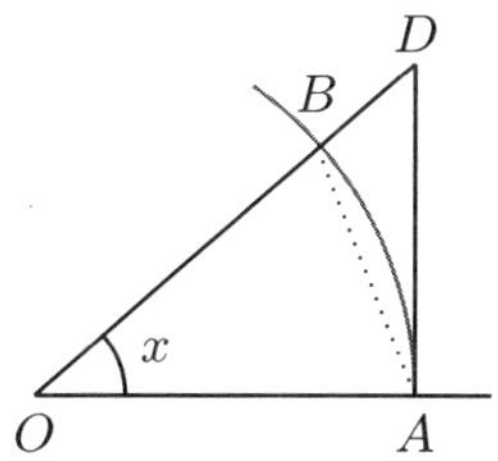

그림 1.5

3. 연속함수

앞의 2절에서 극한 $\lim_{x \to a} f(x)$가 $x = a$에서의 함숫값 $f(a)$와 같은 경우를 보았다. 이런 성질을 갖는 함수 f의 그래프는 점 $(a, f(a))$ 근방에서 끊어지지 않고 이어져 있다.

■ **함수의 연속.** 함수의 연속은 극한을 이용하여 정의할 수 있다.

정의 1.11 함수 f가 점 a를 포함하는 열린구간에서 정의되고

$$\lim_{x\to a} f(x) = f(a)$$

이면, f는 a에서 **연속**(continuous)이라고 한다.

정의 1.11에서 보는 것처럼 함수 f가 a에서 연속이기 위해서는 f가 a에서 정의되고 극한 $\lim_{x\to a} f(x)$가 존재하며 그 값이 $f(a)$와 같아야 한다. 함수 f가 a에서 연속이 아니면 **불연속**(discontinuous)이라고 한다. 함수 f가 a에서 불연속일 때는 극한 $\lim_{x\to a} f(x)$이 존재하지 않거나 존재하지만 그 값이 $f(a)$와 같지 않을 때이다.

만일 f의 정의역이 닫힌구간 $[a,b]$일 때 $\lim_{x\to a^+} f(x) = f(a)$이면 f는 a에서 연속, $\lim_{x\to b^-} f(x) = f(b)$이면 f는 b에서 연속인 것으로 약속한다. f가 정의역 안의 모든 점에서 연속이면 **연속함수**(continuous fuction)라고 한다.

예제 1. 함수 $f(x) = 1 - x^2$이 구간 $[-1,1]$에서 연속임을 보여라.

(풀이) (i) $-1 < a < 1$일 때 $\lim_{x\to a} f(x) = 1 - a^2 = f(a)$,

(ii) $\lim_{x\to -1^+} f(x) = 0 = f(-1)$, $\lim_{x\to 1^-} f(x) = 0 = f(1)$이므로 f는 구간 $[-1,1]$에서 연속인 함수이다.

정의 1.11에서 연속은 극한을 이용하여 약속하였다. 따라서 정리 1.8에 의해 다음의 정리가 성립한다.

정리 1.12 함수 f, g가 $x = a$에서 연속이면 함수 cf, $f \pm g$, fg는 a에서 연속이다. 또 $g(a) \neq 0$이면 $\frac{f}{g}$도 a에서 연속이다. (c는 상수)

정리 1.9에 의해 다항식은 모든 실수 $a \in \mathbb{R}$에서 연속인 함수이다. 또 정리 1.12에 의해 p, q가 다항식일 때 $x = a$에서 $q(a) \neq 0$이면 유리함수 $\frac{p}{q}$는 $x = a$에서 연속이다.

다항식 외에도 n승근함수 $\sqrt[n]{x}$와 $\sin x$, $\cos x$, $\tan x$를 포함한 삼각함수, 지수함수 a^x, 로그함수 $\log_a x$는 모두 각 함수의 정의역에서 연속인 함수이다. 연속인 함수들의 합성함수가 정의되면 그 합성함수는 연속이다. 많은 함수들이 다항식을 비롯한 위의 연속함수들의 합성함수로 표현된다.

예제 2. (i) $h(x) = \cos(x^2 - x + 3)$은 실수 $\mathbb{R}$에서 연속인 두 함수 $f(x) = x^2 - x + 3$, $g(x) = \cos x$의 합성함수 $h = g \circ f$로 $\mathbb{R}$에서 연속이다.

(ii) $h(x) = \sqrt{-x^2 + 3x - 2}$는 $\mathbb{R}$에서 연속인 함수 $f(x) = -x^2 + 3x - 2$와 구간 $[0, \infty)$에서 연속인 함수 $g(x) = \sqrt{x}$의 합성함수 $h = g \circ f$로 h의 정의역 $[1, 2]$에서 연속인 함수이다.

정리 1.13 함수 g가 $x = A$에서 연속이고, $\lim_{x \to a} f(x) = A$이면

$$\lim_{x \to a} g(f(x)) = g\left(\lim_{x \to a} f(x)\right) = g(A) \tag{1.14}$$

이다.

정리 1.13에서 $f(x)$가 $x = a$에서 연속인 함수이면 $\lim_{x \to a} f(x) = f(a)$이므로

$$\lim_{x \to a} g(f(x)) = g(f(a))$$

이다.

예제 3. 극한 $\lim_{x \to 1} \cos \dfrac{\pi(x^2 - 1)}{x - 1}$을 구하여라.

(풀이) $\lim_{x \to 1} \dfrac{\pi(x^2 - 1)}{x - 1} = 2\pi$이고 $\cos x$는 $x = 2\pi$에서 연속인 함수이므로

$$\lim_{x \to 1} \cos \frac{\pi(x^2 - 1)}{x - 1} = \cos\left(\lim_{x \to 1} \frac{\pi(x^2 - 1)}{x - 1}\right) = \cos 2\pi = 1$$

이다.

■ **중간값 정리**. 함수 $f(x) = \begin{cases} 2, & x < 1 \\ -x+2, & x \geq 1 \end{cases}$ 는 점 $x = 1$에서 불연속이다. 또 $f(2) < 1.5 < f(0)$이지만 $f(a) = 1.5$인 점 a가 구간 $(0, 2)$ 안에 존재하지 않는다. (그림 1.6 (a)) 다음의 정리는 연속함수가 갖는 중요한 성질 가운데 하나이다.

> **정리 1.14** 함수 f가 닫힌구간 $[a, b]$에서 연속이고
>
> $$f(a) < A < f(b) \quad \text{또는} \quad f(a) > A > f(b)$$
>
> 이면 $f(c) = A$인 c가 구간 (a, b) 안에 적어도 하나 존재한다.

정리 1.14에서 A는 $f(a)$와 $f(b)$의 중간에 놓인 값이다. 이런 이유로 정리 1.14를 **중간값 정리** 또는 **사잇값 정리**(intermediate value theorem)라고 한다. 중간값 정리를 이용하면 방정식의 해의 존재여부와 해의 대략적인 위치를 알 수 있다. (그림 1.6(b))

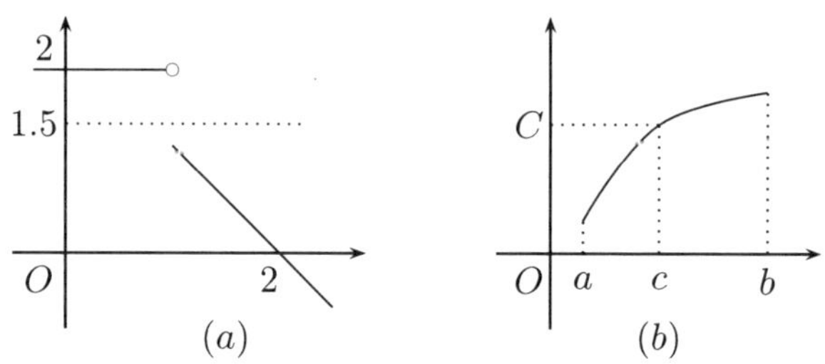

그림 1.6

예제 4. 방정식 $x^5 + 2x^3 - x - 1 = 0$은 구간 $(0, 1)$에서 해를 가짐을 설명하여라.

(풀이) $f(x) = x^5 + 2x^3 - x - 1$이라 하면 f는 연속함수이고

$$f(0) = -1 < 0 < 1 = f(1)$$

이므로 중간값 정리에 의해 $f(c) = 0$인 $c \in (0, 1)$가 존재한다.

■ **최댓값, 최솟값**. 함수 f가 집합 $E(\subset \mathbb{R})$에서 최댓값을 갖는다는 것은 모든

$x \in E$에 대해 $f(x_M) \geq f(x)$ 인 점 $x_M \in E$가 존재할 때를 말한다. 이 때 $f(x_M)$를 **최댓값**(global maximum)이라고 한다. 또 모든 $x \in E$에 대해 $f(x_m) \leq f(x)$ 인 점 $x_m \in E$가 존재하면 f는 최솟값을 갖는다고 하고 $f(x_m)$를 **최솟값**(global minimum)이라고 한다.

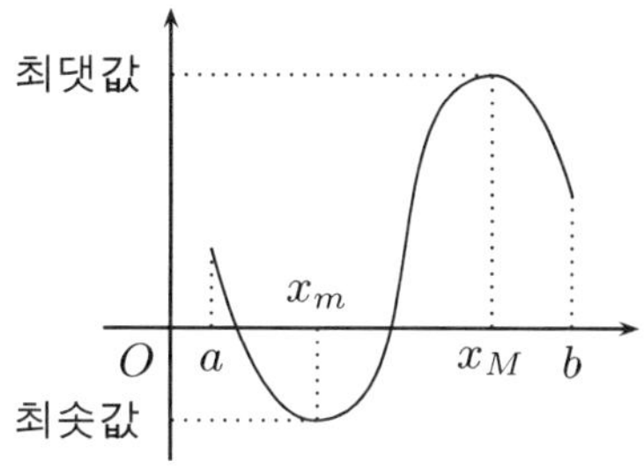

그림 1.7

예제 5. (i) $f(x) = -x^2 + 2x + 3$은 모든 실수 x에 대해 $f(1) = 4 \geq f(x)$이므로 $x = 1$에서 최댓값 $f(1) = 4$를 갖는다.

(ii) $g(x) = x$는 구간 $(0, 1)$에서 최댓값과 최솟값을 갖지 않는다. 만약 $a \in (0, 1)$에서 최솟값을 갖는다면 모든 $x \in (0, 1)$에 대해 $f(a) = a \leq x = f(x)$이어야 한다. 그러나 $x \in (0, a)$일 때 $f(x) < f(a)$이므로 $f(a)$는 최솟값이 아니다. 최댓값을 갖지 않는 것도 비슷한 방법으로 설명할 수 있다.

유계이고 닫힌구간에서 연속인 함수는 반드시 최댓값과 최솟값을 갖는다. 다음의 정리는 극값정리로 알려져 있다.

> **정리 1.15** [극값정리(extreme value theorem)] 함수 f가 유계인 닫힌구간 $[a, b]$에서 연속이면 f는 유계이고 최댓값과 최솟값을 갖는다.

정리 1.15는 f가 구간 $[a, b]$에서 연속이면 모든 $x \in [a, b]$에 대해

$$f(x_1) \leq f(x) \leq f(x_2) \tag{1.15}$$

인 x_1, x_2가 구간 $[a, b]$안에 존재함을 말한다. 위의 식 (1.15)는 f가 구간 $[a, b]$에서 유계인 함수임을 보여준다. 예제 5 (ii)에서 보는 것처럼 정리 1.15는 연속인

함수라도 닫힌구간이 아니면 성립하지 않을 수 있고, 다음의 예제에서 볼 수 있는 것처럼 닫힌구간이라도 연속함수가 아니면 성립하지 않을 수 있다.

예제 6. 함수 $f(x) = \begin{cases} 0, & x \in [0,1] \\ 2-x, & x \in (1,2] \end{cases}$ 는 닫힌구간 $[0,2]$에서 정의되지만 $x=1$에서 연속이 아니다. 함수 f는 구간 $[0,2]$에서 최댓값을 갖지 않는다.

[연습문제 3]

1. 다음 함수의 연속, 불연속을 판단하고 그 이유를 설명하여라.

(a) 특정 지점에서 시간의 흐름에 따른 온도를 나타내는 함수

(b) 운행거리에 따른 택시 요금을 나타내는 함수

2. 다음 함수 $f(x)$가 구간 $(-\infty,\infty)$에서 연속임을 설명하여라.

$$f(x) = \begin{cases} x^2\cos\frac{1}{x}, & x \neq 0 \\ 0, & x = 0 \end{cases}$$

3. 다음 함수가 불연속인 x를 구하여라.

(a) $f(x) = \frac{x-1}{x^2+4x+3}$ (b) $f(x) = \frac{x}{1+\sin x}$ (c) $f(x) = \tan\sqrt{x}$

4. 다음 함수가 주어진 구간에서 연속임을 설명하여라.

(a) $f(x) = \dfrac{x-3}{x-2}$, $(2,\infty)$ (b) $f(x) = x\sqrt{1-x}$, $(-\infty,1]$

5. 다음 극한을 구하여라.

(a) $\lim\limits_{x\to1} e^x\cos\pi x$ (b) $\lim\limits_{x\to0}\dfrac{\sin 2x}{\cos 3x}$ (c) $\lim\limits_{x\to4} x\sqrt{x^2-9}$

6. 다음 함수 f가 구간 $(-\infty,\infty)$에서 연속이 되도록 a의 값을 구하여라.

$$f(x) = \begin{cases} ax^2+2x, & x < 2 \\ x^3 - ax, & x \geq 2 \end{cases}$$

7. (a) 다음이 성립함을 설명하여라.

$$\lim_{x\to a} f(x) = f(a) \iff \lim_{h\to 0} f(a+h) = f(a) \tag{1.16}$$

(b) f가 a에서 연속일 필요충분조건은 $\lim_{h\to 0} f(a+h) = f(a)$임을 설명하여라.

8. f가 구간 $[a,b]$에서 연속이고 $f(a)f(b) < 0$이면 방정식 $f(x) = 0$가 구간 (a,b)에서 적어도 하나의 해를 가짐을 설명하여라.

9. $f(x) = x^2 + 10\sin x$일 때 $f(c) = 1000$인 c가 존재하는지 확인하여라.

10. 방정식 $\cos x - x = 0$이 구간 $(0,\pi)$에서 해를 가짐을 보여라.

11. 다음 방정식이 적어도 하나의 해를 가짐을 보여라.

(a) $x^3 + 2x^2 - x - 5 = 0$ (b) $\sqrt{x-3} = \dfrac{1}{x+1}$

12. 구간 $[-1,1]$에서 다음 함수의 최댓값과 최솟값을 구하여라.

(a) $f(x) = x^5 - x^3 + 2$ (b) $f(x) = x\sqrt{1-x^2}$

13. 함수 $f(x) = x^2$은 열린구간 $(-1,1)$에서 최솟값을 갖지만 최댓값을 갖지 않음을 설명하여라.

[1장 연습문제]

1. 함수 f의 그래프를 보고 다음을 구하여라.

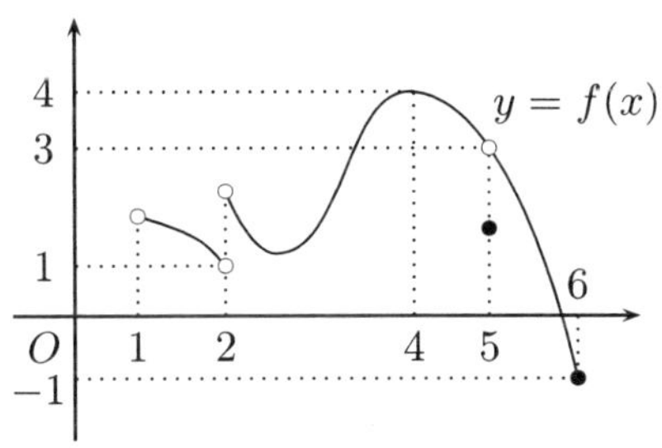

그림 1.8

(a) 함수 f의 정의역과 치역

(b) 극한 $\lim_{x\to 2^-} f(x)$, $\lim_{x\to 5} f(x)$

(c) 함수 f가 연속이 아닌 x

(d) 함수 f의 최댓값과 최솟값

2. 다음 함수의 정의역과 치역을 구하여라.

(a) $f(x) = \dfrac{\sqrt{x}}{x-2}$ (b) $f(x) = 1 - \cos 2x$ (c) $f(x) = \sqrt{x^2 - 1}$

3. 다음 함수 중 우함수와 기함수를 구하여라.

(a) $f(x) = x^3 + x + 1$ (b) $f(x) = \cos x + 2$

(c) $f(x) = 1 + \sin x$ (d) $f(x) = \sin x - 3x$

4. $h(x) = g(f(x))$일 때 다음 함수에서 f, g를 구하여라.

(a) $h(x) = \sin^3 x$ (b) $h(x) = \sqrt[3]{x^2+1}$ (c) $h(x) = \tan \frac{x-1}{x+1}$

5. $f(x) = \sin x$, $g(x) = \sqrt{x}$일 때 다음 함수를 찾고 그 정의역을 구하여라.

(a) $g \circ f$ (b) $f \circ g$ (c) $f \circ f$ (d) $g \circ g$

6. 다음 극한이 존재하면 그 값을 구하여라.

(a) $\lim_{x\to 3}(2x + |x-3|)$ (b) $\lim_{x\to 0.5^-} \dfrac{2x-1}{|2x^3 - x^2|}$ (c) $\lim_{x\to 0^-} \left(\dfrac{1}{x} - \dfrac{1}{|x|}\right)$

7. 다음 극한을 구하여라.

(a) $\lim_{x\to 0} x^4 \cos \dfrac{2}{x}$ (b) $\lim_{x\to 0^+} \sqrt{x}\,[1 + \sin^2(2\pi/x)]$

8. $\lim_{x\to a} f(x) = c$, $\lim_{x\to a} g(x) = \infty$일 때 다음을 설명하여라.

(a) $\lim_{x\to a}[f(x) + g(x)] = \infty$

(b) $\lim_{x\to a} f(x)g(x) = \infty \quad (c > 0)$

(c) $\lim_{x\to a} f(x)g(x) = -\infty \quad (c < 0)$

9. $\lim_{x\to 1} \dfrac{f(x) - 8}{x - 1} = 10$일 때 $\lim_{x\to 1} f(x)$를 구하여라.

10. 구간 $(0, 3)$에서 $2x - 1 \le f(x) \le x^2$일 때 $\lim_{x\to 1} f(x)$를 구하여라.

11. 함수 $f(x) = \begin{cases} x\sin\frac{1}{x}, & x \neq 0 \\ 0, & x = 0 \end{cases}$ 가 구간 $(-\infty, \infty)$에서 연속임을 설명하여라.

12. 다음 함수가 연속함수임을 설명하고 정의역을 구하여라.

(a) $f(x) = \sqrt{x} + x^2\cos x$ (b) $g(x) = \dfrac{\sqrt{x^2-9}}{x^2-2}$

13. $f(x) = \begin{cases} 1, & x : \text{유리수} \\ 0, & x : \text{무리수} \end{cases}$ 는 모든 점에서 불연속인 함수임을 설명하여라.

14. $f(x) = \begin{cases} x, & x : \text{유리수} \\ 0, & x : \text{무리수} \end{cases}$ 는 $x = 0$에서만 연속인 함수임을 설명하여라.

15. 다음 방정식이 주어진 구간에서 해를 가짐을 보여라.

(a) $x^5 + 3x^4 - 2x^3 + 2x - 3 = 0, \quad (0, 1)$ (b) $\sin x - x^2 + x = 0, \quad (1, 2)$

(c) $\sqrt[3]{x} + x - 1 = 0, \quad (0, 1)$ (d) $\cos x = x, \quad (0, 1)$

16. $f(x) = \begin{cases} \sin\frac{1}{x}, & x \neq 0 \\ 0, & x = 0 \end{cases}$ 일 때 다음 물음에 답하여라.

(a) $a_n = \frac{1}{n\pi}$일 때 $\lim\limits_{n\to\infty} f(a_n)$을 구하여라.

(b) $b_n = \frac{1}{2n\pi + \pi/2}$일 때 $\lim\limits_{n\to\infty} f(b_n)$을 구하여라.

(c) 극한 $\lim\limits_{x\to 0} f(x)$가 존재하는지 확인하여라.

(d) f는 $x = 0$에서 연속인지 확인하여라.

2

미분

미분은 어떤 움직임 또는 함수의 순간적인 변화를 나타낸다. 이는 함수로 표현된 어떤 현상을 해석하는데 미분이 중요한 역할을 하는 수학적 도구로 이용될 수 있음을 말한다. 이 장에서는 미분을 정의하고 함수의 미분을 구하는 방법에 대해 알아본다.

4. 미분과 변화율

움직이는 물체의 속도를 구하는 것과 물체의 움직임의 궤적을 나타내는 곡선 위의 점에서 접선의 기울기를 구하는 것은 같은 유형의 극한을 구하는 문제이다. 이 극한을 미분이라고 하고 미분은 변화율로 해석된다.

■ **순간변화율.** 어떤 물체가 한 직선 위를 움직인다고 하자. 이 물체의 시간 t에서의 위치 s를 함수 $s = f(t)$로 나타낼 수 있다고 하자. 이 때 $f(t)$를 **위치 함수**(position function)라고 한다. 시간이 $t = a$에서 h만큼 지나서 $t = a + h$에 이르는 동안 이 물체의 위치는 $f(a)$에서 $f(a+h)$로 $f(a+h) - f(a)$만큼 변하게 된다. 시간의 경과에 따른 위치 변화의 비율을 **평균 속도**(average velocity)라고 한다.

$$\text{평균 속도} = \frac{f(a+h) - f(a)}{h} \tag{2.1}$$

이제 시간의 변화량이 아주 작을 때, 다시 말해 h가 0에 가까울 때의 평균 속도는 식 (2.1)의 극한

$$\lim_{h \to 0} \frac{f(a+h) - f(a)}{h} \tag{2.2}$$

으로 나타낼 수 있다. 만일 극한 (2.2)가 존재하면 그 극한값을 시간 $t = a$에서 이 물체의 **속도**(velocity) 또는 **순간속도**(instantaneous velocity)라고 한다.

위의 식 (2.1)과 (2.2)는 위치함수 뿐만 아니라 실수에서 정의된 다른 함수에 대해서도 의미있는 표현이다. $f(x)$가 실수에서 정의된 함수일 때 식 (2.1)을 구간 $[a, a+h]$에서($h > 0$ 또는 $h < 0$일 때 $[a+h, a]$에서) f의 **평균변화율**(average rate of change)이라 하고, 식 (2.2)의 극한이 존재하면 그 극한값을 f의 $x = a$에서의 **순간변화율**(instantaneous rate of change)이라고 한다.

예제 1. $f(x) = x^2$의 구간 $[1, 1+0.5]$와 $[1, 1+0.2]$에서 평균변화율과 $x = 1$에서 순간변화율을 구하여라.

(풀이) (i) 구간 $[1, 1+0.5]$에서 평균변화율은

$$\frac{f(1+0.5) - f(1)}{0.5} = \frac{(1.5)^2 - 1^2}{0.5} = 2.5,$$

구간 $[1, 1+0.2]$에서 평균변화율은

$$\frac{f(1+0.2)-f(1)}{0.2} = \frac{(1.2)^2 - 1^2}{0.2} = 2.2,$$

(ii) $x=1$에서의 순간변화율은

$$\lim_{h\to 0}\frac{f(1+h)-f(1)}{h} = \lim_{h\to 0}\frac{2h+h^2}{h} = \lim_{h\to 0}(2+h) = 2$$

이다.

■ **미분.** 그림 2.1에서 보는 것처럼 구간 $[a, a+h]$에서 $f(x)$의 평균변화율은 곡선 $y=f(x)$ 위의 두 점 $(a, f(a))$, $(a+h, f(a+h))$를 지나는 직선의 기울기와 같고, h가 0에 가까워질 때 평균변화율의 극한인 순간변화율은 곡선 $y=f(x)$ 위의 점 $(a, f(a))$에서 접선의 기울기와 같다. 순간변화율은 독립변수의 변화에 따라 나타나는 종속변수의 변화의 정도를 나타내는 것이다. 이것은 응용분야에서는 입력의 변화에 따른 출력의 변화 정도를 나타내는 것으로 이해할 수 있다. 극한 (2.2)를 특별히 미분이라고 부른다.

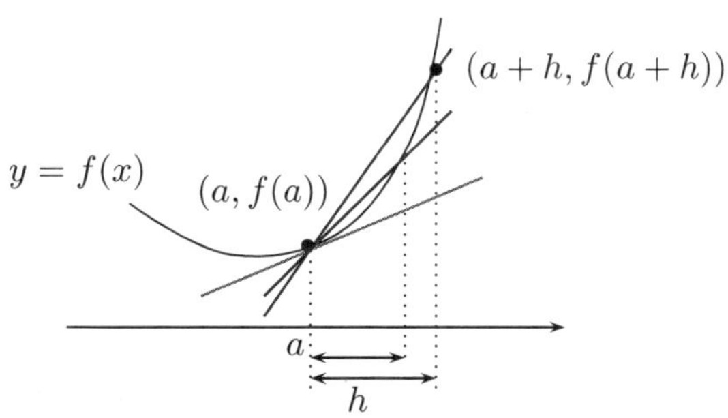

그림 2.1

정의 2.1 함수 f가 점 $x=a$의 근방에서 정의되었을 때 극한

$$\lim_{h\to 0}\frac{f(a+h)-f(a)}{h} \tag{2.3}$$

이 존재하면 f는 $x=a$에서 **미분가능**(differentiable)하다고 한다. 이때 극한 (2.3)을 f의 $x=a$에서의 **미분계수**(derivative)라 하고 $f'(a)$로 나타낸다.

식 (2.3)에서 $x = a + h$라 하면

$$h \to 0 \Leftrightarrow x \to a$$

이므로 $f(x)$의 $x = a$에서의 미분계수는

$$f'(a) = \lim_{x \to a} \frac{f(x) - f(a)}{x - a} \tag{2.4}$$

로 나타낼 수도 있다.

앞에서 말한 것처럼 미분 $f'(a)$는 $x = a$에서 $f(x)$가 변하는 정도를 나타내고, 곡선 $y = f(x)$ 위의 점 $(a, f(a))$에서 접선의 기울기를 나타낸다. 그러므로 $|f'(a)|$가 클수록 $x = a$ 근방에서 x의 작은 변화에도 함숫값 $f(x)$의 큰 변화를 예상할 수 있고, 접선은 y축에 나란해지려 한다.

예제 2. $f(x) = -x^2 + 2x + 1$의 미분 $f'(1)$, $f'(2)$와 곡선 $y = f(x)$ 위의 점 $(1, 2)$, 점 $(2, 1)$에서 접선의 방정식을 구하여라.

(풀이) (i) 식 (2.4)를 이용하면 미분 $f'(1)$은

$$\begin{aligned} f'(1) &= \lim_{x \to 1} \frac{f(x) - f(1)}{x - 1} = \lim_{x \to 1} \frac{(-x^2 + 2x + 1) - 2}{x - 1} \\ &= \lim_{x \to 1} \frac{-(x-1)^2}{x - 1} = -\lim_{x \to 1}(x - 1) = 0 \end{aligned}$$

이고 점 $(1, 2)$에서 접선의 방정식은

$$y - 2 = f'(1)(x - 1) \Rightarrow y = 2$$

이다.

(ii) 비슷한 방법으로 $f'(2) = -2$이고, 점 $(2, 1)$에서 접선의 방정식은

$$y - 1 = f'(2)(x - 2) \Rightarrow y = -2x + 5$$

■ **도함수**. 앞의 식 (2.3)에서는 고정된 한 점 a에서 함수 f의 미분을 정의하였다. 식 (2.3)에서 a를 변수 x로 바꾸고 극한

$$\lim_{h \to 0} \frac{f(x + h) - f(x)}{h} \tag{2.5}$$

를 생각해 보자. 위의 극한 (2.5)가 존재하는 x에 대해 미분 $f'(x)$를 정할 수 있다.

> **정의 2.2** 함수 $f(x)$의 **도함수**(derivative)는 $f'(x)$로 나타내며
>
> $$f'(x) = \lim_{h \to 0} \frac{f(x+h) - f(x)}{h} \tag{2.6}$$
>
> 로 정의한다.

식 (2.6)에서 x가 함수 f의 정의역에 속하는 점이라고 하여도 극한이 존재하지 않을 수 있다. 도함수 f'의 정의역은 식 (2.6)의 극한이 존재하는 점들의 집합으로 f의 정의역의 부분집합이다.

$y = f(x)$로 주어진 함수의 도함수는 편의에 따라 다음의 표현이 같은 의미로 사용되고 있다.

$$y' = f'(x) = \frac{dy}{dx} = \frac{d}{dx} f(x) = Df(x)$$

또 $x = a$에서의 미분(또는 도함숫값)은

$$f'(a) = \frac{dy}{dx}\Big|_{x=a}$$

와 같이 나타낸다.

예제 3. 함수 $f(x) = \sqrt{x}$의 도함수와 점 $(4, 2)$에서 접선의 방정식을 구하여라.

(풀이) $x > 0$일 때 식 (2.6)으로부터 도함수

$$\begin{aligned} f'(x) &= \lim_{h \to 0} \frac{f(x+h) - f(x)}{h} = \lim_{h \to 0} \frac{\sqrt{x+h} - \sqrt{x}}{h} \\ &= \lim_{h \to 0} \frac{(x+h) - x}{h(\sqrt{x+h} + \sqrt{x})} \\ &= \frac{1}{2\sqrt{x}} \end{aligned}$$

을 얻는다. 함수 f의 정의역은 $\{x \in \mathbb{R} \,|\, x \geq 0\}$이고, 도함수 f'의 정의역은 $\{x \in \mathbb{R} \,|\, x > 0\}$이다.

점 $(4,2)$에서 접선의 기울기는 $f'(4)=\frac{1}{4}$이므로 접선의 방정식은

$$y-2=f'(4)(x-4)\ \Rightarrow\ y=\frac{x}{4}+1$$

이다.

함수 f의 도함수 f'은 각각의 점 x에서 f의 미분, 순간변화율을 나타내는 것이므로 f'으로부터 f에 관련된 여러 가지 정보를 얻을 수 있다.

■ **미분가능한 함수의 성질.** 앞의 3절에서 본 것처럼 함수 f가 $x=a$에서 연속(continuous)이라는 것은

$$\lim_{x\to a} f(x)=f(a)$$

일 때를 말한다. 미분가능한 함수는 연속인 함수이다.

> 정리 **2.3** 함수 $f(x)$가 $x=a$에서 미분가능하면 $f(x)$는 $x=a$에서 연속이다.

(증명) $\lim_{x\to a} f(x)=f(a)$임을 보이면 된다. $f(x)$는

$$f(x)=\frac{f(x)-f(a)}{x-a}(x-a)+f(a)$$

로 쓸 수 있다. 위 식의 양변에 극한을 취하면

$$\begin{aligned}\lim_{x\to a} f(x)&=\lim_{x\to a}\left(\frac{f(x)-f(a)}{x-a}(x-a)+f(a)\right)\\&=\left(\lim_{x\to a}\frac{f(x)-f(a)}{x-a}\right)\left(\lim_{x\to a}(x-a)\right)+f(a)\\&=f'(a)\cdot 0+f(a)=f(a)\end{aligned}$$

이다. 그러므로 $f(x)$는 $x=a$에서 연속이다. □

정리 2.3의 대우명제 '함수 $f(x)$가 $x=a$에서 연속이 아니면 $f(x)$는 $x=a$에서 미분 불가능하다'는 참인 명제이다. 그러므로 극한 $\lim_{x\to a} f(x)$가 존재하지 않거나, 존재하지만 그 값이 $f(a)$와 같지 않으면 f는 $x=a$에서 연속이 아니므로 미분 불가능한 함수이다.

예제 4. $f(x) = \begin{cases} x^2, & x \le 1 \\ 2, & x > 1 \end{cases}$ 는 $x = 1$에서 연속이 아니므로 $x = 1$에서 미분 불가능한 함수이다.

그러나 정리 2.3의 역은 성립하지 않는다. 다시 말해 함수 $f(x)$가 $x = a$에서 연속이라 해도 $f(x)$가 $x = a$에서 미분가능해야 하는 것은 아니다. 연속이지만 미분 불가능한 대표적인 경우는 첨점을 가질 때 나타난다.(연습문제 4의 4 참고)

■ **고계도함수**. 만일 함수 $y = f(x)$의 도함수 $f'(x)$가 다시 미분가능하여 도함수 $(f'(x))'$이 존재하면

$$f''(x) = (f'(x))'$$

로 나타내고 f''을 f의 **이계도함수**(2nd derivative)라고 한다. 일반적으로 어떤 영역에서 f를 연속으로 n번 미분할 수 있을 때 n번 미분한 함수를 n**계도함수**(n-th derivative)라고 하고,

$$f^{(n)}(x),\ \text{또는}\ \frac{d^n y}{dx^n},\ \ \frac{d^n}{dx^n}f(x)$$

로 나타낸다.

예제 5. 직선 위를 움직이는 어떤 물체의 위치함수가 $s = s(t)$일 때 s의 도함수

$$v(t) = s'(t) = \frac{ds}{dt}$$

는 이 물체의 속도함수를 나타내고, 속도를 나타내는 함수 $v(t)$의 도함수

$$a(t) = v'(t) = s''(t)\ \ \text{또는}\ \ a(t) = \frac{dv}{dt} = \frac{d^2 s}{dt^2}$$

는 물체의 움직임의 가속도를 나타내는 함수이다.

[연습문제 4]

1. 직선 위를 움직이는 입자가 있다. 시간 t(sec)일 때 이 입자의 위치는 $s(t) = t^2 - 2t + 3\,(\text{m})$으로 주어진다.

(a) 구간 $[2.5, 3]$, $[3, 3.5]$에서 입자의 평균속도를 구하여라.

(b) 입자의 $t = 3$에서 순간속도를 구하여라.

2. 다음 곡선의 주어진 점에서의 접선의 방정식을 구하여라.

(a) $y = 2x + x^2$, $(1, 3)$ (b) $y = \dfrac{2x+1}{x+2}$, $(1, 1)$

3. 다음 극한은 어떤 함수 f의 어떤 점 a에서의 미분을 나타낸다. f와 a를 구하여라.

(a) $\displaystyle\lim_{h\to 0} \frac{(2+h)^3 - 8}{h}$ (b) $\displaystyle\lim_{h\to 0} \frac{(1-h)^4 - 2(1-h) + 1}{-h}$

(c) $\displaystyle\lim_{x\to 2} \frac{x^2 - 4}{x - 2}$ (d) $\displaystyle\lim_{t\to 1} \frac{t^3 + t - 2}{t - 1}$

4. $f(x) = |x|$ 일 때

(a) f는 $x = 0$에서 연속인 함수인지 확인하여라.

(b) 극한 $\displaystyle\lim_{x\to 0^-} \frac{f(x) - f(0)}{x - 0}$, $\displaystyle\lim_{x\to 0^+} \frac{f(x) - f(0)}{x - 0}$를 구하여라.

(c) f는 $x = 0$에서 미분 불가능한 함수임을 설명하여라.

5. 다음 함수의 도함수를 구하고 미분 불가능한 점을 구하여라.

(a) $f(x) = |\,2x - 1\,|$ (b) $f(x) = \dfrac{x}{x-1}$ (c) $f(x) = \begin{cases} 2x, & x < 0 \\ -x^2 + 1, & x \geq 0 \end{cases}$

6. $f(x) = x\,|x|$ 일 때

(a) $f(x)$의 그래프를 그려 보아라.

(b) $f'(x)$와 그 정의역을 구하여라.

7. 곡선 $y = f(x)$ 위의 점 $(4, 3)$에서의 접선이 점 $(0, 2)$를 지날 때 $f(4)$와 $f'(4)$를 구하여라.

8. 함수 $f(x) = \begin{cases} x^2 \sin \frac{1}{x}, & x \neq 0 \\ 0, & x = 0 \end{cases}$ 는 $x = 0$에서 미분가능한지 확인하여라.

5. 미분법

어떤 함수의 도함수를 매번 미분의 정의로부터 구하는 것은 번거로운 일이다. 다행스럽게도 몇 가지 유형의 함수는 지루한 계산을 하지 않고도 미분을 구할 수 있다.

■ **멱함수의 미분**. 상수 함수 $f(x) = c$의 도함수는 정의 2.2의 식(2.6)으로부터

$$f'(x) = 0, \quad \frac{df}{dx} = \frac{d}{dx}(c) = 0$$

임을 알 수 있다. 거듭제곱함수의 도함수는 다음의 방법으로 구할 수 있다.

> **정리 2.4** 함수 $f(x) = x^n$ $(n \in \mathbb{N})$은 모든 점 $x \in \mathbb{R}$에서 미분가능하고
>
> $$f'(x) = \frac{d}{dx}(x^n) = nx^{n-1} \quad (x \in \mathbb{R}) \tag{2.7}$$
>
> 이다.

(증명) 모든 $x \in \mathbb{R}$에 대해

$$\begin{aligned}\frac{f(x+h) - f(x)}{h} &= \frac{(x+h)^n - x^n}{h} \\ &= \frac{1}{h}\left(nx^{n-1}h + \frac{n(n-1)}{2!}x^{n-2}h^2 + \cdots + nxh^{n-1} + h^n\right) \\ &= nx^{n-1} + \frac{n(n-1)}{2!}x^{n-2}h + \cdots + nxh^{n-2} + h^{n-1}\end{aligned}$$

이므로

$$f'(x) = \lim_{h \to 0} \frac{f(x+h) - f(x)}{h} = nx^{n-1}$$

이다. □

■ **미분 공식**. 다항식은 거듭제곱함수와 상수의 곱을 항으로 갖고, 유리함수는 분모 분자가 다항함수인 함수이다. 다음의 미분 공식은 거듭제곱함수를 포함한 미분가능한 함수들의 합, 차, 곱, 나눔의 형태로 표시된 함수의 미분 계산을 편리하게 해준다.

정리 2.5 f, g가 미분가능한 함수이면 다음이 성립한다.

(i) $[\alpha f(x)]' = \alpha f'(x)$ (α는 실수)

(ii) $[f(x) \pm g(x)]' = f'(x) \pm g'(x)$

(iii) $[f(x)g(x)]' = f'(x)g(x) + f(x)g'(x)$

(iv) $\left(\dfrac{f(x)}{g(x)}\right)' = \dfrac{f'(x)g(x) - f(x)g'(x)}{[g(x)]^2}$, $(g(x) \neq 0)$

예제 1. (i) $\frac{d}{dx}(-2x^4 + 3x) = \frac{d}{dx}(-2x^4) + \frac{d}{dx}(3x) = -8x^3 + 3$,

(ii) $$\begin{aligned}[(x^2+1)(2x^3 - x^2 + 1)]' &= 2x(2x^3 - x^2 + 1) + (x^2+1)(6x^2 - 2x) \\ &= 10x^4 - 4x^3 + 6x^2,\end{aligned}$$

(iii) $\left(\dfrac{x^2-1}{x+2}\right)' = \dfrac{2x(x+2) - (x^2-1)}{(x+2)^2} = \dfrac{x^2+4x+1}{(x+2)^2}$

정리 2.4의 식 (2.7)은 n이 음의 정수일 때도 성립한다. n이 음의 정수일 때 $f(x) = x^n$의 도함수는 정리 2.5의 (iv)에 의해

$$f'(x) = (x^n)' = \left(\frac{1}{x^{-n}}\right)' = \frac{-(-n)x^{-n-1}}{(x^{-n})^2} = nx^{n-1}$$

이다. 사실 정리 2.4는 지수 n이 실수일 때도 성립한다. 즉

$$f'(x) = (x^\alpha)' = \alpha x^{\alpha-1} \quad (\alpha \in \mathbb{R}) \tag{2.8}$$

이다.

예제 2. (i) $\left(\dfrac{1}{x^3}\right)' = (x^{-3})' = -3x^{-4} = -\dfrac{3}{x^4}$,

(ii) $(x^{\frac{2}{3}})' = \frac{2}{3}x^{-\frac{1}{3}} = \frac{2}{3\sqrt[3]{x}}$

예제 3. 곡선 $f(x) = \frac{1+\sqrt{x}}{1+x^2}$의 도함수와 곡선 위의 점 $(1,1)$에서 접선, 법선의 방정식을 구하여라.

(풀이) 정리 2.5의 (iv)에 의해 도함수는

$$\begin{aligned} f'(x) &= \frac{(1+\sqrt{x})'(1+x^2)-(1+\sqrt{x})(1+x^2)'}{(1+x^2)^2} \\ &= \frac{\frac{1}{2\sqrt{x}}(1+x^2)-(1+\sqrt{x})(2x)}{(1+x^2)^2} \\ &= \frac{-3x^2-4x\sqrt{x}+1}{2\sqrt{x}(1+x^2)^2} \end{aligned}$$

이고,

$f'(1) = -\frac{3}{4}$이므로 접선의 방정식은

$$y-1 = -\frac{3}{4}(x-1) \quad \text{또는} \quad y = -\frac{3}{4}x + \frac{7}{4},$$

법선의 방정식은

$$y-1 = \frac{4}{3}(x-1) \quad \text{또는} \quad y = \frac{4}{3}x - \frac{1}{3}$$

이다.

■ **연쇄법칙**. 함수 $h(x) = \sqrt{1-x^2}$은 $f(x) = 1-x^2$과 $g(x) = \sqrt{x}$의 합성함수이고 f, g는 미분가능한 함수이다. 이렇게 미분가능한 함수의 합성함수 역시 미분가능하고 도함수는 아래의 방법으로 구할 수 있다.

> **정리 2.6** f가 x에서 미분가능하고, g가 $f(x)$에서 미분가능하면 두 함수의 합성함수 $h = g \circ f$는 x에서 미분가능하고
>
> $$h'(x) = (g(f(x)))' = g'(f(x)) \cdot f'(x) \tag{2.9}$$
>
> 이다.

위 정리 2.6에서 $u = f(x)$, $y = g(u)$라고 하면 식 (2.9)는

$$\frac{dy}{dx} = \frac{dy}{du}\frac{du}{dx} \tag{2.10}$$

로 나타낼 수 있다. 이를 **연쇄법칙**(chain rule)이라고 한다.

예제 4. $h(x) = \sqrt{1-x^2}$은 $f(x) = 1-x^2$과 $g(x) = \sqrt{x}$의 합성함수 $h(x) = g(f(x))$이고 $g'(x) = \frac{1}{2\sqrt{x}}$, $f'(x) = -2x$이므로 연쇄법칙에 의해

$$(\sqrt{1-x^2}\,)' = h'(x) = g'(f(x))f'(x) = \frac{1}{2\sqrt{1-x^2}}(-2x) = -\frac{x}{\sqrt{1-x^2}}$$

이다.

연쇄법칙은 세 함수 또는 그 이상의 함수들의 합성함수의 미분에도 적용할 수 있다. 예를 들어 미분가능한 세 함수 f, g, h의 합성함수 $F(x) = h(g(f(x)))$의 미분은 연쇄법칙을 반복적으로 적용하여

$$F'(x) = h'(g(f(x)))[g(f(x))]' = h'(g(f(x)))g'(f(x))f'(x) \tag{2.11}$$

와 같이 구할 수 있다.

예제 5. $F(x) = (1+\sqrt{1+x^2}\,)^3$은 $f(x) = 1+x^2$, $g(x) = 1+\sqrt{x}$, $h(x) = x^3$의 합성함수 $F(x) = h(g(f(x)))$로 생각할 수 있다.

$$h'(x) = 3x^2,\ g'(x) = \frac{1}{2\sqrt{x}},\ f'(x) = 2x$$

이므로 식 (2.11)에 의해

$$\begin{aligned}[(1+\sqrt{1+x^2})^3]' = F'(x) &= h'(g(f(x)))g'(f(x))f'(x) \\ &= 3(1+\sqrt{1+x^2})^2\frac{1}{2\sqrt{1+x^2}}2x \\ &= \frac{3x(1+\sqrt{1+x^2})^2}{\sqrt{1+x^2}}\end{aligned}$$

이다.

■ **역함수 미분법.** 함수 $f : D \to E$의 역함수가 존재할 때 역함수 f^{-1}를 찾지 않고도 역함수의 미분을 구할 수 있다.

정리 2.7 f^{-1}를 $f : D \to E$의 역함수라고 하자. $y = f(x)$가 미분가능한 함수이고 $f'(x) \neq 0$이면

$$(f^{-1})'(y) = \frac{1}{f'(x)} \tag{2.12}$$

이다.

만일 f^{-1}가 미분가능하고 $f'(x) \neq 0$이면 $f^{-1}(f(x)) = x$이므로 연쇄법칙에 의해

$$[f^{-1}(f(x))]' = (f^{-1})'(f(x)) \cdot f'(x) = (f^{-1})'(y)f'(x) = 1,$$
$$\Rightarrow (f^{-1})'(y) = \frac{1}{f'(x)}$$

를 얻는다.

예제 6. $f(x) = \sqrt{x^2 + x + 1}$ $(x > 0)$일 때 $(f^{-1})'(\sqrt{3})$를 구하여라.

(풀이) $f(1) = \sqrt{3}$이고

$$f'(x) = \frac{2x+1}{2\sqrt{x^2+x+1}}, \quad f'(1) = \frac{\sqrt{3}}{2} \neq 0$$

이다. 그러므로

$$(f^{-1})'(\sqrt{3}) = \frac{1}{f'(1)} = \frac{2}{\sqrt{3}}$$

이다.

■ **음함수 미분법**. 함수는 하나의 원소에 꼭 하나의 원소가 대응되는 관계로 $y = f(x)$의 형태로 나타낼 수 있다. 그러나 원의 방정식 $x^2 + y^2 = r^2$과 같은 경우 한 $x(x \neq 0)$에 대해 두 점 $y = \pm\sqrt{r^2 - x^2}$이 대응된다. 또 $x - \sin^2 y = 0$와 같은 관계는 $y = f(x)$의 형태로 정리할 수 없다. 이러한 경우 종속변수 y를 독립변수 x의 함수로 생각하고 연쇄법칙을 이용하여 미분 y'를 구할 수 있다. 이렇게 미분을 구하는 방법을 **음함수 미분법**(implicit differentiation)이라고 한다.

예제 7. $x^2+y^2=4$에서 미분 y'를 구하기 위해 $y=f(x)$라고 생각하면 연쇄법칙에 따라

$$(y^2)' = [(f(x))^2]' = 2f(x)f'(x) = 2yy'$$

이므로 주어진 원의 방정식의 각 항을 미분하여

$$2x+2yy'=0 \quad \text{이므로} \quad y' = -\frac{x}{y} \quad (y \neq 0)$$

를 얻는다.

예제 8. 곡선 $x^3+y^3=6xy$ 위의 점 $(3,3)$에서 접선의 방정식을 구하여라.

(풀이) 음함수 미분법에 따라

$$3x^2+3y^2y' = 6y+6xy', \quad y' = \frac{2y-x^2}{y^2-2x} \quad (y^2 \neq 2x)$$

이므로

$$\frac{dy}{dx}|_{(3,3)} = -1$$

이다. 그러므로 접선의 방정식은

$$y-3 = -(x-3) \quad \text{또는} \quad y=-x+6$$

이다.

[연습문제 5]

1. 다음 함수의 도함수를 구하여라.

(a) $f(x)=\sqrt{19}$ (b) $f(t)=\frac{1}{2}(t^3-3t^2-5)$

(c) $g(x)=\dfrac{\sqrt{x}+x}{2x-1}$ (d) $g(x)=(x^2-1)\left(\sqrt{x}+\dfrac{1}{\sqrt{x}}\right)$

2. 한 입자의 시간 t(sec)에서의 위치가 $s(t)=t^4-2t^3+t^2-t$ (m)로 주어졌을 때 다음을 구하여라.

(a) 시간 t에서 속도

(b) $t=1$에서 가속도

3. 다음 함수의 도함수를 구하여라.

(a) $f(x) = (x^3 - 2x - 1)^5$ (b) $f(x) = (x+1)^7(3x^2-2)^5$

(c) $f(x) = \left(\frac{1}{2x^2-x+3}\right)^3$ (d) $f(x) = \sqrt{\frac{x}{x-1}}$

(e) $f(x) = \sqrt{x + \sqrt{x}}$ (f) $f(x) = (x^2 + \sqrt{x^2+2x-5}\,)^{-2}$

4. 곡선 $y = x\sqrt{2-x^2}$ 위의 점 $(1,1)$에서 접선의 방정식을 구하여라.

5. $h(x) = \sqrt{4+3f(x)}$, $f(1) = 4$, $f'(1) = 2$일 때 $h'(1)$을 구하여라.

6. f, g가 두 번 미분가능한 함수이고 $y = g(u)$, $u = f(x)$일 때

$$\frac{d^2y}{dx^2} = \frac{d^2y}{du^2}\left(\frac{du}{dx}\right)^2 + \frac{dy}{du}\frac{d^2u}{dx^2}$$

임을 보여라.

7. 다음에서 $\frac{dy}{dx}$를 구하여라.

(a) $\sqrt{x} + 2\sqrt{y} = 1$ (b) $x^2 + xy^2 = 0$ (c) $\frac{x}{y} + y = 0$

8. $x^4 + y^4 = 1$일 때 y''을 구하여라.

9. $f(x) = x^5 + x^3 + 1$일 때 $(f^{-1})'(3)$을 구하여라.

10. $f(x) + x^2[f(x)]^3 = 10$, $f(1) = 2$일 때 $f'(1)$을 구하여라.

11. $f(x) = 2x^3 + 7x + 4$일 때 $(f^{-1})'(4)$를 구하여라.

12. $f(x) = 2x + \cos x$일 때 $(f^{-1})'(1)$을 구하여라.

13. f는 $f'(x) \neq 0$이며 역함수를 갖는 두 번 미분가능한 함수라고 하자. $g(x) = f^{-1}(x)$라고 할 때

$$g''(x) = -\frac{f''(g(x))}{[f'(g(x))]^3}$$

임을 보여라.

6. 삼각함수, 역삼각함수의 미분

삼각함수 $\sin x$의 미분을 구하면 앞의 5절에서 공부한 미분공식과 연쇄법칙 등을 이용하여 다른 삼각함수의 미분을 찾을 수 있다. $\sin x$의 미분을 계산하기 위해서 먼저 다음 두 극한에 대해 알아보자.

정리 2.8 (i) $\lim_{x\to 0} \frac{\sin x}{x} = 1$, (ii) $\lim_{x\to 0} \frac{\cos x - 1}{x} = 0$

(증명) 극한 (i)은 앞의 연습문제 2의 12를 참고하기 바란다. 극한 (ii)는

$$\begin{aligned}\lim_{x\to 0} \frac{\cos x - 1}{x} &= \lim_{x\to 0} \frac{\cos^2 x - 1}{x(\cos x + 1)} = \lim_{x\to 0} \frac{-\sin^2 x}{x(\cos x + 1)} \\ &= -\lim_{x\to 0} \frac{\sin x}{x} \lim_{x\to 0} \frac{\sin x}{\cos x + 1} \\ &= 0\end{aligned}$$

과 같이 구할 수 있다. □

삼각함수 $\sin x$는 덧셈공식으로 알려진 다음 식을 만족한다. 관련된 다른 식은 부록에서 찾을 수 있다.

$$\sin(x+y) = \sin x \cos y + \cos x \sin y \tag{2.13}$$

■ $\sin x$의 미분. $f(x) = \sin x$는 실수 집합 전체에서 정의된 주기가 2π인 주기함수이고 유계이다. 또한 $\sin x$는 연속인 함수이며 미분가능한 함수이다.

정리 2.9 모든 $x \in \mathbb{R}$에서

$$\frac{d}{dx}(\sin x) = (\sin x)' = \cos x \tag{2.14}$$

이다.

(증명) $f(x)=\sin x$라고 하면

$$\begin{aligned}(\sin x)' = f'(x) &= \lim_{h\to 0}\frac{f(x+h)-f(x)}{h} = \lim_{h\to 0}\frac{\sin(x+h)-\sin x}{h} \\ &= \lim_{h\to 0}\frac{\sin x\cos h+\cos x\sin h-\sin x}{h} \qquad (\text{식}(2.13)) \\ &= \lim_{h\to 0}\sin x\frac{\cos h-1}{h}+\lim_{h\to 0}\frac{\sin h}{h}\cos x \\ &= \cos x \quad (\text{정리 } 2.8)\end{aligned}$$

이다. □

$\sin x$를 포함하는 함수의 도함수는 미분공식과 연쇄법칙을 이용하여 구할 수 있다.

예제 1. 앞의 5절의 미분법(정리 2.5)에 따라

(i) $(\sin 3x+2\sin x^2)' = 3\cos 3x+4x\cos x^2$,

(ii) $(x^3\sin x)' = 3x^2\sin x+x^3\cos x$,

(iii) $(\sin^3 x+\sqrt{\sin x})' = 3\sin^2 x\cos x+\frac{\cos x}{2\sqrt{\sin x}}$이다.

■ **다른 삼각함수의 미분.** 삼각함수 $\cos x$, $\tan x$ 등의 미분은 $(\sin x)'=\cos x$로부터 연쇄법칙, 미분공식을 이용하여 구할 수 있다. $\cos x$는 모든 실수에서 미분가능한 함수이고, $\tan x$는 정의역 안의 모든 점에서 미분가능한 함수이다.

정리 2.10 (i) 모든 $x\in\mathbb{R}$에서

$$\frac{d}{dx}(\cos x) = (\cos x)' = -\sin x, \tag{2.15}$$

(ii) $x\neq n\pi+\frac{\pi}{2}$ $(n\in\mathbb{Z})$일 때

$$\frac{d}{dx}(\tan x) = (\tan x)' = \sec^2 x \tag{2.16}$$

이다.

(증명) (i) $\cos x = \sin\left(x + \frac{\pi}{2}\right)$, $\sin x = -\cos(x + \frac{\pi}{2})$이므로 연쇄법칙에 의해

$$\begin{aligned}\frac{d}{dx}(\cos x) = (\cos x)' = \left[\sin\left(x + \frac{\pi}{2}\right)\right]' &= \cos\left(x + \frac{\pi}{2}\right) \cdot \left(x + \frac{\pi}{2}\right)' \\ &= \cos\left(x + \frac{\pi}{2}\right) = -\sin x\end{aligned}$$

를 얻는다.

(ii) $\tan x = \frac{\sin x}{\cos x}$이므로 나눔에 관한 미분공식에 의해

$$\begin{aligned}\frac{d}{dx}(\tan x) = (\tan x)' = \left(\frac{\sin x}{\cos x}\right)' &= \frac{(\sin x)'\cos x - \sin x(\cos x)'}{\cos^2 x} \\ &= \frac{\cos^2 x + \sin^2 x}{\cos^2 x} = \frac{1}{\cos^2 x} \\ &= \sec^2 x\end{aligned}$$

이다. □

예제 2. (i) $(\cos x^2 + \tan\sqrt{x})' = (-\sin x^2)(x^2)' + (\sec^2\sqrt{x})(\sqrt{x})'$

$$= -2x\sin x^2 + \frac{\sec^2\sqrt{x}}{2\sqrt{x}}$$

(ii) $[\cos(\tan^2 x)]' = -\sin(\tan^2 x) \cdot (\tan^2 x)' = -2\tan x\ \sec^2 x\ \sin(\tan^2 x)$

다른 삼각함수 $\csc x$, $\sec x$, $\cot x$의 미분도 미분공식을 이용하여 구할 수 있다.

(i) $$\frac{d}{dx}(\csc x) = \left(\frac{1}{\sin x}\right)' = \frac{-\cos x}{\sin^2 x} = -\csc x \cot x \tag{2.17}$$

(ii) $$\frac{d}{dx}(\sec x) = \left(\frac{1}{\cos x}\right)' = \frac{\sin x}{\cos^2 x} = \sec x \tan x \tag{2.18}$$

(iii) $$\frac{d}{dx}(\cot x) = \left(\frac{\cos x}{\sin x}\right)' = \frac{-\sin^2 x - \cos^2 x}{\sin^2 x} = -\frac{1}{\sin^2 x} = -\csc^2 x \tag{2.19}$$

예제 3. $f(x) = \dfrac{\sec x}{1 + \cot x}$의 도함수를 구하여라.

(풀이) 식 (2.18), (2.19)와 미분공식을 이용하여 도함수

$$\begin{aligned}\left(\frac{\sec x}{1+\cot x}\right)' &= \frac{(\sec x)'(1+\cot x)-\sec x(1+\cot x)'}{(1+\cot x)^2} \\ &= \frac{(\sec x\tan x)(1+\cot x)-\sec x(-\csc^2 x)}{(1+\cot x)^2} \\ &= \frac{\sec x(\tan x+1+\csc^2 x)}{(1+\cot x)^2}\end{aligned}$$

를 얻는다.

■ **역삼각함수**. 삼각함수는 주기함수로 전단사함수가 아니기 때문에 역함수를 정의할 수 없다. 그러나 전단사함수가 되도록 정의역을 제한하여 역함수를 정의할 수 있다. 예를 들어 $f(x) = \sin x$의 정의역을 $[-\frac{\pi}{2}, \frac{\pi}{2}]$로 공역을 $[-1, 1]$로 제한하면 $\sin x$는 전단사함수이고 역함수를 정의할 수 있다. $\sin x$의 역함수(arcsine function, inverse sine function)는 $\sin^{-1} x$로 나타낸다. 즉,

$$\sin^{-1} x = y \quad \Leftrightarrow \quad \sin y = x \ \ (-1 \le x \le 1,\ -\frac{\pi}{2} \le y \le \frac{\pi}{2}) \qquad (2.20)$$

이다.

예제 4. (i) $\sin^{-1} 0 = 0,\ \ \sin^{-1} \frac{1}{2} = \frac{\pi}{6}$

(ii) $\cos(\sin^{-1} \frac{2}{3}) = \cos\theta = \frac{\sqrt{5}}{3},\ \ \tan(\sin^{-1} \frac{2}{3}) = \tan\theta = \frac{2}{\sqrt{5}}$ (그림 2.2)

(iii) $-1 \le x \le 1$일 때 $\sin(\sin^{-1} x) = x,\ -\frac{\pi}{2} \le x \le \frac{\pi}{2}$일 때 $\sin^{-1}(\sin x) = x$ 이다.

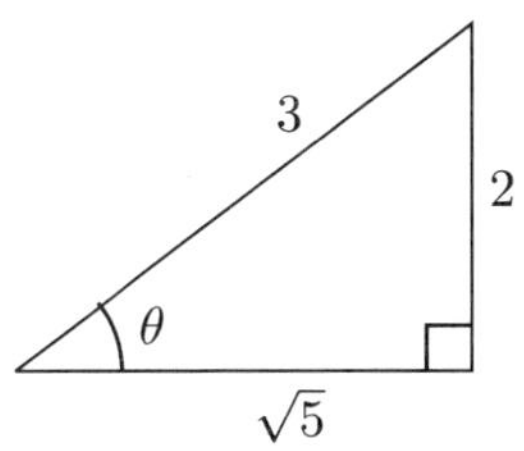

그림 2.2

다음은 삼각함수의 정의역을 제한하여 정의한 역삼각함수이다.

정의 2.11 (i) $\sin^{-1} x = y \ (|x| \le 1) \ \Leftrightarrow \ \sin y = x \ (y \in [-\frac{\pi}{2}, \frac{\pi}{2}])$

(ii) $\cos^{-1} x = y \ (|x| \le 1) \ \Leftrightarrow \ \cos y = x \ (y \in [0, \pi])$

(iii) $\tan^{-1} x = y \ (x \in \mathbb{R}) \ \Leftrightarrow \ \tan y = x \ (y \in (-\frac{\pi}{2}, \frac{\pi}{2}))$

(iv) $\csc^{-1} x = y \ (|x| \ge 1) \ \Leftrightarrow \ \csc y = x \ (y \in (0, \frac{\pi}{2}] \cup (\pi, \frac{3\pi}{2}])$

(v) $\sec^{-1} x = y \ (|x| \ge 1) \ \Leftrightarrow \ \sec y = x \ (y \in [0, \frac{\pi}{2}) \cup [\pi, \frac{3\pi}{2}))$

(vi) $\cot^{-1} x = y \ (x \in \mathbb{R}) \ \Leftrightarrow \ \cot y = x \ (y \in (0, \pi))$

■ **역삼각함수의 미분.** $f(x) = \sin x$라고 하면 f는 구간 $(\frac{\pi}{2}, \frac{\pi}{2})$에서 미분가능하고 $f'(x) = \cos x \neq 0$이다. 그러므로 정리 2.7에 따라 sin의 역함수 $\sin^{-1}$은 미분가능한 함수이다.

구간 $(-1, 1)$에서 $y = \sin^{-1} x$라고 하면 $\sin y = x$이다. 음함수 미분법을 이용하여 $\sin y = x$를 미분하여

$$\cos y \frac{dy}{dx} = 1$$

을 얻는다. 구간 $(-\frac{\pi}{2}, \frac{\pi}{2})$에서 $\cos y > 0$이므로

$$\begin{aligned} \frac{d}{dx}(\sin^{-1} x) &= \frac{dy}{dx} = \frac{1}{\cos y} = \frac{1}{\sqrt{1 - \sin^2 y}} \\ &= \frac{1}{\sqrt{1 - x^2}} \qquad (-1 < x < 1) \end{aligned} \tag{2.21}$$

이다.

예제 5. $\frac{d}{dx}(\sin^{-1} 4x^2)$을 구하여라.

(풀이) $\sin^{-1} 4x^2$는 $-\frac{1}{2} < x < \frac{1}{2}$에서 미분가능한 함수이다. 연쇄법칙을 적용하면

$$\frac{d}{dx}(\sin^{-1} 4x^2) = \frac{(4x^2)'}{\sqrt{1 - (4x^2)^2}} = \frac{8x}{\sqrt{1 - 16x^4}}$$

이다.

다른 역삼각함수의 미분도 $\sin^{-1} x$의 미분과 비슷한 방법으로

$$\frac{d}{dx}(\cos^{-1} x) = -\frac{1}{\sqrt{1-x^2}} \quad (|x| < 1), \tag{2.22}$$

$$\frac{d}{dx}(\tan^{-1} x) = \frac{1}{1+x^2} \quad (x \in \mathbb{R}) \tag{2.23}$$

임을 보일 수 있다.

[연습문제 6]

1. $\lim_{x\to 0} \frac{\sin x}{x} = 1$을 이용하여 다음 극한을 구하여라.

(a) $\lim_{x\to 0} \frac{x}{\sin x}$ (b) $\lim_{x\to 0} \frac{\sin 3x}{5x}$ (c) $\lim_{x\to 0}(x \cot x)$

2. 다음 함수의 도함수를 구하여라.

(a) $f(x) = \sqrt{x}\cos x$ (b) $f(x) = \sin(3x^2) + \sec\frac{1}{x}$

(c) $f(x) = \cot x + \sin x \cos 2x$ (d) $f(t) = t^2 \sin t \tan t$

(e) $g(\theta) = \frac{\cos\theta}{1-\sin\theta}$ (f) $g(\theta) = \frac{\theta\sin\theta}{1+\theta}$

3. 다음 곡선의 주어진 점에서 접선의 방정식을 구하여라.

(a) $y = \cos x - \sin x \quad (\pi, -1)$ (b) $y = x + \tan x \quad (\pi, \pi)$

4. $f(\theta) = \sec\theta$일 때 $f''(\pi/4)$를 구하여라.

5. 곡선 $y = \sqrt[3]{1+\sin x}$의 접선이 수평인 곡선 위의 점을 구하여라.

6. 다음 극한을 구하여라.

(a) $\lim_{x\to 1^-} \sin^{-1} x$ (b) $\lim_{x\to 1^-} \cos^{-1} x$ (c) $\lim_{x\to\infty} \tan^{-1} x$

7. $\cos(\tan^{-1} x) = \frac{1}{\sqrt{1+x^2}}$임을 보여라.

8. 식 (2.22), (2.23)이 성립함을 보여라.

9. 다음 함수의 도함수를 구하여라.

(a) $f(x) = \frac{1}{\sin^{-1} x}$ (b) $f(x) = x\tan^{-1}\sqrt{x}$

10. $\frac{d}{dx}(\cot^{-1}x) = -\frac{1}{1+x^2}$임을 보여라.

7. 지수, 로그함수의 미분

양의 실수 a에 대해 a^x 형태의 함수를 **지수함수**(exponential function)라고 한다. 지수함수는 자연현상, 사회현상을 수학적으로 모델링할 때 자주 이용된다. 특히 개체수의 증가는 지수함수의 특성을 갖는 것으로 알려져 있다.

■ **지수함수**. 지수함수는 모든 실수에서 정의된 연속함수로 x가 유리수일 때는

$$a^x = a^{\frac{n}{m}} = \sqrt[m]{a^n} \quad (a > 0,\ x = \frac{n}{m})$$

으로 약속하고, x가 무리수일 때는

$$a^x = \lim_{n\to\infty} a^{r_n} \tag{2.24}$$

로 약속한다. 여기서 (r_n)은 $\lim_{n\to\infty} r_n = x$인 유리수의 수열이다.(어떤 무리수에 대해서도 이에 수렴하는 유리수의 수열이 있다.) 지수함수 $f(x) = a^x$는 실수 전체집합 $\mathbb{R}$에서 정의되고 치역이 $(0, \infty)$인 연속함수로 $a > 1$일 때는 증가함수이고, $0 < a < 1$일 때는 감소함수이다. (그림 2.3) a, $b > 0$이고 x, y가 실수일 때 다음의 연산법칙(지수법칙)이 성립한다.

$$\text{(i) } a^x a^y = a^{x+y}, \quad \text{(ii) } \frac{a^x}{a^y} = a^{x-y}, \quad \text{(iii) } (a^x)^y = a^{xy}, \quad \text{(iv) } (ab)^x = a^x b^x \tag{2.25}$$

지수함수 $f(x) = a^x$의 밑 $a(> 0)$ 가운데 특별히

$$f'(0) = \lim_{h\to 0} \frac{a^{0+h} - a^0}{h} = \lim_{h\to 0} \frac{a^h - 1}{h} = 1$$

을 만족하는 값을 e로 나타낸다.

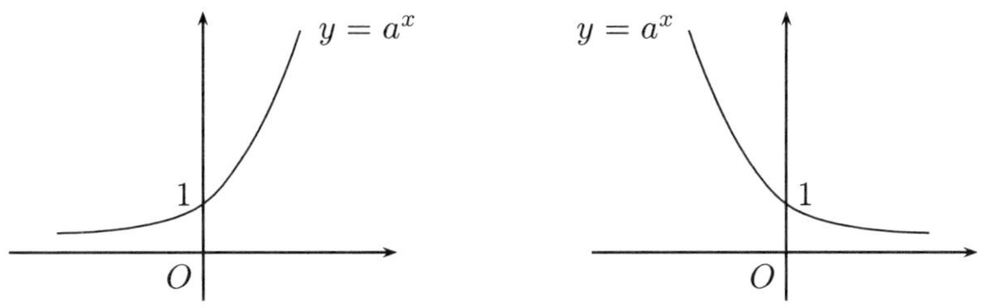

(a) $a > 1$ (b) $0 < a < 1$

그림 2.3

> **정의 2.12** 오일러의 수(Euler's number) (또는 자연로그의 밑(base of natural logarithm)) e는 극한
>
> $$\lim_{h \to 0} \frac{e^h - 1}{h} = 1 \tag{2.26}$$
>
> 을 만족하는 실수이다.

e를 밑으로 하는 지수함수를 특별히 **자연지수함수**(natural exponential function)라고 한다. 자연지수함수는 미분가능한 함수이다.

> **정리 2.13** 모든 실수 x에서
>
> $$\frac{d}{dx}(e^x) = e^x \tag{2.27}$$
>
> 이다.

(증명) 지수법칙 식 (2.25)의 (i)과 식 (2.26)에 따라 실수 x에서

$$\frac{d}{dx}(e^x) = \lim_{h \to 0} \frac{e^{x+h} - e^x}{h} = \lim_{h \to 0} \frac{e^x(e^h - 1)}{h} = e^x \lim_{h \to 0} \frac{e^h - 1}{h} = e^x$$

이다. □

함수 $f(x)$가 미분가능한 함수이면 $e^{f(x)}$도 미분가능한 함수이고 $e^{f(x)}$의 미분은 연쇄법칙을 이용하여

$$\frac{d}{dx}\left(e^{f(x)}\right) = f'(x)\, e^{f(x)} \tag{2.28}$$

와 같이 구할 수 있다.

예제 1. (i) $(e^{-3x})' = (-3x)'e^{-3x} = -3e^{-3x}$

(ii) $(e^{\tan x})' = (\tan x)'\, e^{\tan x} = \sec^2 x\, e^{\tan x}$

(iii) $(e^{x^2}\cos x)' = (e^{x^2})'\cos x + e^{x^2}(\cos x)' = e^{x^2}(2x\cos x - \sin x)$

■ **로그함수**. 앞의 그림 2.3에서 본 것처럼 지수함수 $f(x) = a^x$는 $0 < a < 1$일 때 감소함수이고, $a > 1$일 때 증가함수이다. 그러므로 $f(x) = a^x$ $(a > 0, a \neq 1)$은 단사함수이고 역함수를 정의할 수 있다. $f(x) = a^x$의 역함수를 a를 밑으로 하는 **로그함수**(logarithmic function)라고 $\log_a x$로 나타낸다. 즉

$$\log_a x = y \quad (x > 0) \;\Leftrightarrow\; a^y = x \quad (-\infty < y < \infty) \tag{2.29}$$

이다. $f(x) = a^x$ $(a > 0)$라 하면 역함수의 정의로부터

$$\begin{aligned} \log_a(a^x) &= f^{-1}(f(x)) = x \quad (x \in \mathbb{R}) \\ a^{\log_a x} &= f(f^{-1}(x)) = x \quad (x > 0) \end{aligned}$$

이다. $a > 1$일 때 $\log_a x$는 정의역이 $(0, \infty)$이고 치역이 $(-\infty, \infty)$인 난사함수이고 연속함수이다. $a > 1$, $x, y > 0$, c가 실수일 때 로그함수는 다음의 성질을 갖는다.

$$\text{(i)}\ \log_a(xy) = \log_a x + \log_a y \qquad \text{(ii)}\ \log_a\left(\frac{x}{y}\right) = \log_a x - \log_a y$$

$$\text{(iii)}\ \log_a x^c = c\log_a x \tag{2.30}$$

로그함수 $\log_a$에서 특별히 밑이 e이면 **자연로그함수**(natural logarithmic function)라고 하고 이를 $\ln$으로 나타낸다. 즉

$$\log_e x = \ln x \tag{2.31}$$

와 같이 쓴다. 자연로그함수의 정의로부터

$$\ln x = y \;\Leftrightarrow\; e^y = x$$

이다.

예제 2. (i) $\ln 1 = 0,\ \ \ln e = 1,\ \ \ln e^2 = 2$

(ii) $\ln 3 + \ln 12 = \ln 36 = \ln 6^2 = 2\ln 6$

■ **지수함수의 미분**. 지수함수 a^x $(a > 0)$는 앞의 식 (2.24)에서 극한으로 정의하였지만 이제 자연로그함수를 이용하여

$$a^x = (e^{\ln a})^x = e^{x\ln a} \tag{2.32}$$

로 정의할 수 있다. 지수함수를 계산하는데 식 (2.32)가 주로 이용된다. 이제 자연로그함수의 미분, 자연로그와 로그함수의 관계, 로그함수와 지수함수의 관계를 이용하여 지수함수 a^x와 로그함수 $\log_a x$의 미분을 구할 수 있다.

> 정리 **2.14** 모든 실수 x에서
>
> $$\frac{d}{dx}(a^x) = a^x \ln a \quad (a > 0) \tag{2.33}$$
>
> 이다.

(증명) $a^x = e^{x\ln a}$이고 식 (2.28)에 의해

$$\frac{d}{dx}(a^x) = \left(e^{x\ln a}\right)' = (x\ln a)'\, e^{x\ln a} = (\ln a)\, a^x$$

이다. □

$f(x)$가 미분가능한 함수이면 연쇄법칙에 따라

$$\left(a^{f(x)}\right)' = f'(x)\, a^{f(x)}\ \ln a \tag{2.34}$$

이다.

예제 3. (i) $\frac{d}{dx}(3^x) = 3^x \ln 3,$

(ii) $\frac{d}{dx}(2^{\sin x}) = (\sin x)'\, 2^{\sin x} \ln 2 = \cos x\, 2^{\sin x} \ln 2$

■ **로그함수의 미분**. 지수함수 e^x의 미분은 $(e^x)' = e^x$임을 보였다. 이를 이용하여 자연로그함수의 미분을 구할 수 있다.

> **정리 2.15** x가 실수일 때
> $$\frac{d}{dx}(\ln x) = \frac{1}{x} \tag{2.35}$$
> 이다.

(증명) $y = \ln x$라고 하면 $e^y = x$이므로 음함수 미분법에 따라

$$(e^y)' = y'e^y = 1, \quad \frac{d}{dx}(\ln x) = y' = \frac{1}{e^y} = \frac{1}{x}$$

이다. □

$f(x)$가 미분가능한 함수이면 연쇄법칙에 의해

$$\frac{d}{dx}[\ln f(x)] = \frac{f'(x)}{f(x)} \tag{2.36}$$

이다.

예제 4. $\ln \cos x$의 미분을 구하여라.

(풀이) $\ln \cos x$는 집합

$$D = \{x \in \mathbb{R} \mid \cos x > 0\} = \left\{x \in \mathbb{R} \mid 2n\pi - \frac{\pi}{2} < x < 2n\pi + \frac{\pi}{2},\ n \in \mathbb{Z}\right\}$$

에서 정의되고 $f(x) = \cos x$라고 하면 $f'(x) = -\sin x$이므로 식 (2.36)에 의해 $x \in D$에서

$$\frac{d}{dx}(\ln \cos x) = \frac{f'(x)}{f(x)} = -\frac{\sin x}{\cos x} = -\tan x$$

이다.

로그함수의 미분법을 이용하면 함수들의 곱, 나눔, 거듭제곱 등이 결합되어 복잡한 형태를 갖는 함수의 미분을 함수들의 합의 형태로 바꾸어 간단하게 계산할 수 있는 경우가 있다.

예제 5. $y = \frac{\sqrt{x^2+2}\sin x}{(2x-1)^3}$일 때 $\frac{dy}{dx}$를 구하여라.

(풀이) 주어진 식에 자연로그를 취하면 로그의 성질에 의해

$$\ln y = \ln \sin x + \frac{1}{2}\ln(x^2+2) - 3\ln(2x-1) \tag{2.37}$$

이다. 위 식 (2.37)에 음함수 미분법을 적용하면

$$\frac{y'}{y} = \frac{\cos x}{\sin x} + \frac{1}{2}\frac{2x}{x^2+2} - 3\frac{2}{2x-1}$$

이다. 그러므로

$$y' = \frac{dy}{dx} = \frac{\sqrt{x^2+2}\sin x}{(2x-1)^3}\left(\cot x + \frac{x}{x^2+2} - \frac{6}{2x-1}\right)$$

이다.

예제 6. $y = x^x$를 미분하여라.

(풀이) 자연로그를 취하면

$$\ln y = \ln x^x = x\ln x$$

이다. 위 식에 음함수 미분법을 적용하면

$$\frac{y'}{y} = \ln x + x\frac{1}{x} = \ln x + 1$$

이다. 그러므로

$$y' = \frac{dy}{dx} = x^x(\ln x + 1)$$

이다.

$y = \log_a x$라고 하면 $x = a^y$이다. 여기에 자연로그를 취하면

$$\ln x = \ln a^y = y\ln a$$

이다. 그러므로 로그함수와 자연로그함수 사이에는

$$\log_a x = y = \frac{\ln x}{\ln a} \tag{2.38}$$

의 관계가 있다. 식 (2.38)로부터 다음의 정리를 얻을 수 있다.

정리 2.16 양의 실수 x에서

$$\frac{d}{dx}(\log_a x) = \frac{1}{\ln a \cdot x} \quad (a > 0,\ a \neq 1) \tag{2.39}$$

이다.

또 $f(x)$가 미분가능한 함수이면

$$\frac{d}{dx}[\log_a f(x)] = \frac{f'(x)}{\ln a \cdot f(x)} \tag{2.40}$$

이다.

예제 7. $y = \log_{10}(x^2 + \tan x)$일 때 $\frac{dy}{dx}$를 구하여라.

(풀이) $f(x) = x^2 + \tan x$라 하면 $f'(x) = 2x + \sec^2 x$이므로 식 (2.40)을 적용하면

$$\frac{dy}{dx} = \frac{2x + \sec^2 x}{\ln 10 \cdot (x^2 + \tan x)}$$

이다.

[연습문제 7]

1. 다음 극한을 구하여라.

(a) $\lim_{x\to\infty} \frac{e^{3x} - 2}{-5e^{3x}}$ (b) $\lim_{x\to\infty} (e^{-3x} \sin x)$

(c) $\lim_{x\to\infty} [\ln(x-1) - \ln(x+1)]$ (d) $\lim_{x\to 0^+} \ln(\sin x)$

2. 다음 함수의 도함수를 구하여라.

(a) $f(x) = xe^x$ (b) $f(x) = 7^{2x}(x^2 - 1)$ (c) $f(x) = \log_3 \frac{x}{x-1}$

(d) $f(x) = \frac{x}{\ln x}$ (e) $f(x) = \cos \frac{1-e^{2x}}{1+e^{2x}}$ (f) $f(x) = \log_{10}(x^2+1)^2$

3. 다음 함수의 도함수를 구하여라.

(a) $y = \ln(x+1)$ (b) $y = e^{x^3}$ (c) $y = \log_{10}(1+x)$

(d) $y = (\ln x)^3$ (e) $y = 3^{5x}$ (f) $y = \frac{e^x}{1+2e^x}$

4. 로그미분법을 이용하여 다음 함수의 미분을 구하여라.

(a) $y = \sqrt{\frac{\sin x}{1+x^2}}$ (b) $y = e^{x^3}(x^2-1)^5\cos^2 x$ (c) $y = (\cos x)^{\ln x}$

5. $\frac{dy}{dx}$를 구하여라.

(a) $y = x^{\sqrt{x}}$ (b) $y = (\ln x)^{1/x}$ (c) $x^y = y^x$

6. $f(x) = e^x + \ln x$일 때 $(f^{-1})'(e)$를 구하여라.

7. $f(x) = a^x$일 때 $f'(x) = f'(0)a^x$임을 보여라.

8. $y = e^x + e^{-x/2}$일 때 $-2y'' + y' + y = 0$임을 보여라.

9. 다음을 보여라.

$$\frac{d}{dx}(\ln|x|) = \frac{1}{x} \quad (x \neq 0) \tag{2.41}$$

[2장 연습문제]

1. 어떤 물체의 시간 t(sec)에서 위치함수가 $s(t) = 2t^2 + 1$(m)일 때 다음을 구하여라.

(a) $[1, 1.5]$에서 평균변화율

(b) $t = 1$에서 속도

(c) $t = 1$에서 가속도

2. $\lim_{h\to 0} \frac{(2+h)^4 - 16}{h} = f'(a)$일 때

(a) $f(x)$ 와 a를 구하여라.

(b) $(a, f(a))$에서 접선의 방정식을 구하여라.

3. $f(x) = \begin{cases} x^2, & x < 0 \\ 0, & x \geq 0 \end{cases}$ 는 모든 점에서 미분가능한 함수인지 확인해 보아라.

4. 다음 함수의 도함수를 구하고 미분 불가능한 점을 구하여라.

(a) $f(x) = |2x - 1|$ (b) $f(x) = \dfrac{x}{x-1}$ (c) $f(x) = \begin{cases} 2x, & x < 0 \\ -x^2 + 1, & x \geq 0 \end{cases}$

5. 식 (2.5)를 이용하여 $f(x) = \sqrt{2x}$의 도함수를 구하여라.

6. $f(x) = \sin(2x)$일 때 $f^{(5)}(x)$를 구하여라.

7. 다음 함수의 도함수를 구하여라.

(a) $f(x) = x^2 + \cot x$ (b) $f(x) = \sqrt[3]{x}\cos 2x$ (c) $f(x) = \frac{2x}{1+x^2}$

(d) $f(x) = \sqrt{\ln(x+1)}$ (e) $f(x) = \log_2 \sqrt{\sin x}$ (f) $f(x) = 3^{\sqrt{x}}$

8. $f(x) = x^2 + x - 1$ $(x > 0)$일 때 곡선 $y = f^{-1}(x)$ 위의 점 $(5, 2)$에서 접선의 기울기를 구하여라.

9. (a) 곡선 $x^2 - xy + y^2 = 3$ 위의 점 $(-1, 1)$에서 접선의 방정식을 구하여라.

(b) 곡선 $x^2y^2 + xy = 2$ 위의 점에서 접선의 기울기가 -1인 점을 구하여라.

10. 다음 극한을 구하여라.

(a) $\displaystyle\lim_{x\to 0} \frac{\sin 2x}{\sin 3x}$ (b) $\displaystyle\lim_{x\to 0} \frac{\cos x - 1}{\sin x}$ (c) $\displaystyle\lim_{x\to\infty} x \sin\frac{1}{x}$

11. 다음에서 $\frac{dy}{dx}$를 구하여라.

(a) $y = \cos x \sin x$ (b) $y = \frac{\cos x}{1+\tan x}$ (c) $y = \tan^{-1}(3x^2 - 1)$

(d) $y = \sec^{-1}\sqrt{x}$ (e) $\sin(y) = xy$ (f) $\tan(x+y) = x$

12. 다음을 간단한 형태로 정리하여라.

(a) $\cot(\sin^{-1}\frac{1}{2})$ (b) $\log_{10} 5 + \log_{10} 200$

(c) $e^{3\ln 2}$ (d) $\cos(\ln e^{\pi})$

13. 다음 극한을 구하여라.

(a) $\displaystyle\lim_{x\to 0} \frac{e^{2x} - 1}{x}$ (b) $\displaystyle\lim_{x\to 3^-} \ln(9 - x^2)$ (c) $\displaystyle\lim_{x\to\infty} e^{-x}\sin x$

(d) $\displaystyle\lim_{x\to\infty} 3^x$ (e) $\displaystyle\lim_{x\to 0} 3^x$ (f) $\displaystyle\lim_{x\to\infty} \left(\frac{1}{3}\right)^x$

14. $\ln x + \frac{1}{2}\ln y = \ln(x\sqrt{y})$임을 설명하여라.

15. 다음 함수의 도함수를 구하여라.

(a) $f(\theta) = e^{\cot\theta}$ (b) $f(t) = 5^{\sqrt{t}}$ (c) $f(x) = (\cos x)^x$

(d) $f(x) = 3^{x\ln x}$ (e) $f(x) = \frac{e^{1/x}}{x}$ (f) $f(x) = \frac{1}{\ln x} - \ln\frac{1}{x}$

16. 자연로그의 밑 e는 극한으로 정의할 수도 있다. 다음을 보여라.

(a) $f(x) = \ln x$일 때 $f'(1) = \lim_{x\to 0} \ln(1+x)^{1/x} = 1$

(b) $\lim_{x\to 0}(1+x)^{1/x} = e$

(c) $\lim_{n\to\infty}\left(1+\dfrac{1}{n}\right)^n = e$

17. $\alpha \in \mathbb{R}$일 때 $\frac{d}{dx}(x^\alpha) = \alpha x^{\alpha-1}$임을 보여라.

18. $f(x) = \ln(x+\sqrt{1+x^2})$일 때

(a) f가 기함수임을 보여라.

(b) f의 역함수를 구하여라.

19. 쌍곡사인함수, 쌍곡코사인함수는 각각

$$\sinh x = \frac{e^x - e^{-x}}{2}, \quad \cosh x = \frac{e^x + e^{-x}}{2} \tag{2.42}$$

로 정의한다. 다음을 보여라.

$$\frac{d}{dx}(\sinh x) = \cosh x, \quad \frac{d}{dx}(\cosh x) = \sinh x \tag{2.43}$$

3

미분의 응용

8. 평균값 정리
9. 함수의 그래프
10. 미분의 응용

어떤 현상을 함수로 나타냈을 때 그 함수의 특성을 파악하는 것은 현상을 이해하고 예측하는데 큰 도움을 준다. 미분을 이용하면 함수가 갖는 증가, 감소, 최대, 최소 등의 특성을 파악하는데 필요한 중요한 정보를 얻을 수 있다.

8. 평균값 정리

평균값 정리는 미분가능한 함수가 갖는 대표적인 성질이다. 이 절에서는 미분가능한 함수의 평균값 정리 및 그와 관련된 사실로부터 파악할 수 있는 함수의 성질에 대해 알아본다.

■ **평균값 정리**. 평균값 정리를 증명하기 전에 먼저 평균값 정리의 한 형태인 롤(Rolle)의 정리를 살펴보자.

정리 **3.1** [롤(Rolle)의 정리] 함수 f가 닫힌구간 $[a,b]$에서 연속이고, 열린구간 (a,b)에서 미분가능할 때 $f(a)=f(b)$이면

$$f'(c)=0$$

인 $c \in (a,b)$가 존재한다.

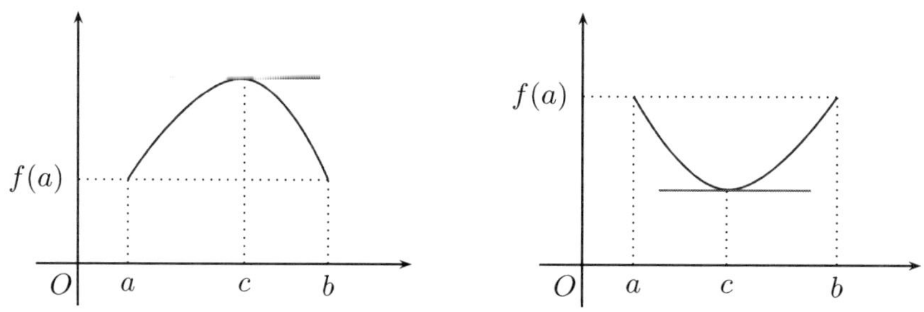

그림 3.1

(증명) $f(x)$가 상수함수이면 $f'(x)=0$이므로 정리가 성립한다. $f(x)$가 상수가 아니라면 구간 (a,b) 안에

$$f(a)=f(b)<f(x_0) \quad (\text{또는 } f(a)=f(b)>f(x_0))$$

인 x_0가 존재한다. $f(a)=f(b)<f(x_0)$이면 정리 1.15(극값 정리)에 의해 모든 $x \in [a,b]$에 대해

$$f(x) \le f(c) \tag{3.1}$$

인 c가 구간 (a, b)안에 존재한다. 식 (3.1)로부터 $h(> 0)$가 충분히 작은 수일 때

$$\frac{f(c+h)-f(c)}{h} \leq 0, \quad \frac{f(c-h)-f(c)}{-h} \geq 0$$

이다. 그런데 f가 c에서 미분가능하므로

$$0 \leq \lim_{h \to 0^+} \frac{f(c-h)-f(c)}{-h} = f'(c) = \lim_{h \to 0^+} \frac{f(c+h)-f(c)}{h} \leq 0$$

이다. 따라서 $f'(c) = 0$이다. $f(a) = f(b) > f(x_0)$인 경우도 비슷한 방법으로 증명할 수 있다. □

예제 1. 직선을 따라 움직이는 어떤 물체의 시간 t에서의 위치가 미분가능한 함수 $s = f(t)$로 주어졌다. 시간 $a, b\,(a < b)$에서 물체가 같은 위치에 있으면 $(f(a) = f(b)$이면) 롤의 정리에 의해

$$f'(c) = 0$$

인 $c \in (a, b)$가 존재한다. 즉 물체의 속도가 0인 점이 있다.

예제 2. 방정식 $x^3 + 2x - 7 = 0$은 단 하나의 해를 가짐을 보여라.

(풀이) $f(x) = x^3 + 2x - 7$이라 하면 f는 실수전체에서 연속이고 미분가능한 함수이다. 또 $f(0) \cdot f(2) < 0$이므로 중간값 정리에 의해 방정식 $x^3 + 2x - 7 = 0$은 구간 $(0, 2)$에서 해를 갖는다. 즉 $f(a) = 0$인 $a \in (0, 2)$가 있다. 만약 방정식이 또 다른 해를 갖는다면, 다시 말해 $f(b) = 0$인 $b(\neq a)$가 존재한다면 롤의 정리에 의해 $f'(c) = 0$인 c가 존재해야 한다. 그러나

$$f'(x) = 3x^2 + 2 \neq 0 \qquad (x \in \mathbb{R})$$

이다. 그러므로 $x^3 + 2x - 7 = 0$은 단 하나의 실수 해를 갖는다.

평균값 정리는 특정한 경우 구간 $[a, b]$에서 함수 f의 평균변화율과 같은 순간변화율을 갖는 점이 구간 (a, b)안에 존재한다는 것이다.

정리 3.2 [평균값 정리(mean value theorem)] 함수 f가 닫힌구간 $[a,b]$에서 연속이고, 열린구간 (a,b)에서 미분가능하면

$$f'(c) = \frac{f(b)-f(a)}{b-a} \tag{3.2}$$

인 $c \in (a,b)$가 존재한다.

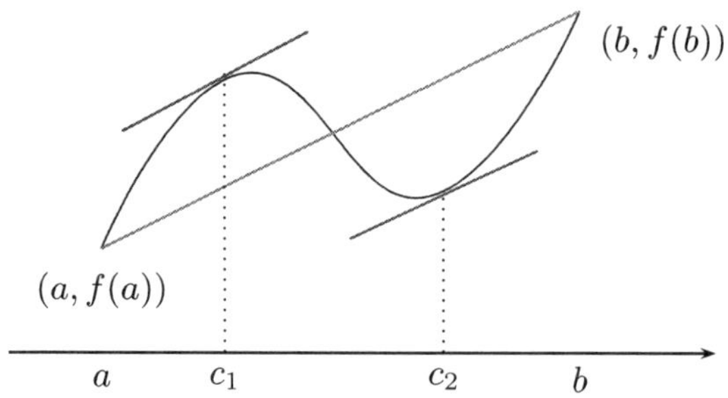

그림 3.2

(증명) 구간 $[a,b]$에서 새로운 함수 F를

$$F(x) = f(b) - f(x) - \frac{f(b)-f(a)}{b-a}(b-x)$$

로 약속하면 F는 닫힌구간 $[a,b]$에서 연속이고 열린구간 (a,b)에서 미분가능하며 $F(a) = F(b) = 0$이다. 그러므로 정리 3.1(롤의 정리)에 의해

$$F'(c) = -f'(c) + \frac{f(b)-f(a)}{b-a} = 0 \quad \text{또는} \quad \frac{f(b)-f(a)}{b-a} = f'(c)$$

인 $c \in (a,b)$가 존재한다. □

그림 3.2에서 보는 것처럼 평균값 정리는 함수 f가 구간 $[a,b]$에서 연속이고 구간 (a,b)에서 미분가능하면 곡선 $y = f(x)$는 두 점 $(a, f(a))$, $(b, f(b))$를 연결하는 선분과 기울기가 같은 접선을 갖는다는 것을 말한다.

예제 3. $f(x) = x^3 - 2x^2 + 3x - 2$일 때, 구간 $[0,2]$에서 평균값 정리를 만족하는 c를 구하여라.

(풀이) f는 실수 전체에서 연속이고 미분가능한 함수이므로 구간 $(0,2)$에서 평균값 정리를 만족하는 점 c가 존재한다.

$$f'(x) = 3x^2 - 4x + 3, \quad f(0) = -2, \quad f(2) = 4$$

이므로 평균값 정리

$$\frac{f(2) - f(0)}{2 - 0} = 3 = 3c^2 - 4c + 3 = f'(c), \quad c \in (0,2)$$

를 만족하는 $c = \dfrac{4}{3}$이다.

예제 4. $0 < x < 1$일 때 부등식 $x < \sin^{-1} x < \dfrac{x}{\sqrt{1-x^2}}$가 성립함을 보여라.

(풀이) $f(x) = \sin^{-1} x$라고 하면 f는 구간 $[-1,1]$에서 연속이고, 구간 $(-1,1)$에서 미분가능하므로 구간 $[0,x]$에서 평균값 정리를 적용하면

$$\begin{aligned} \frac{f(x) - f(0)}{x - 0} &= \frac{\sin^{-1} x - \sin^{-1} 0}{x} = \frac{\sin^{-1} x}{x} \\ &= \frac{1}{\sqrt{1-c^2}} = f'(c) \quad (0 < c < x) \end{aligned} \tag{3.3}$$

을 만족하는 c가 존재한다. 식 (3.3)으로부터

$$\sin^{-1} x = \frac{x}{\sqrt{1-c^2}} \tag{3.4}$$

이다. $0 < c < x < 1$이므로 식 (3.4)에서 부등식

$$x < \sin^{-1} x = \frac{x}{\sqrt{1-c^2}} < \frac{x}{\sqrt{1-x^2}}$$

를 얻는다.

■ **평균값 정리의 응용**. 다음은 평균값 정리로부터 얻을 수 있는 사실이다. 어떤 함수 f가 상수함수라는 것은 정의역 안의 임의의 두 점 x_1, x_2에서 $f(x_1) = f(x_2)$와 같은 의미이다.

정리 3.3 함수 f, g가 닫힌구간 $[a, b]$에서 연속이고 열린구간 (a, b)에서 미분가능하며 모든 $x \in (a, b)$에서

(i) $f'(x) = 0$이면 $f(x)$는 구간 $[a, b]$에서 상수이다.

(ii) $f'(x) = g'(x)$이면 구간 $[a, b]$에서 $f(x) = g(x) + C$인 상수 C가 있다.

(증명) (i) $a < x_1 < x_2 < b$일 때 평균값 정리에 의해

$$f(x_2) - f(x_1) = (x_2 - x_1)f'(c)$$

인 $c \in (a, b)$가 존재하고 $f'(c) = 0$이므로 $f(x_1) = f(x_2)$이다. 또 구간 (a, b)에서 $f(x) = C$라고 하면 연속성에 의해

$$f(a) = \lim_{x \to a^+} f(x) = C = \lim_{x \to b^-} f(x) = f(b)$$

이므로 $f(x)$는 구간 $[a, b]$에서 상수이다.

(ii) $h(x) = f(x) - g(x)$라고 하면 h는 닫힌구간 $[a, b]$에서 연속이고 열린구간 (a, b)에서 미분가능하며 $h'(x) = 0$이므로 (i)에 의해 $h(x)$는 상수이다. $h(x) = C$라고 하면 $f(x) = g(x) + C$이다. □

항등식 $\sin^2 x + \cos^2 x = 1$은 정리 3.3을 이용하여 증명할 수도 있다.

예제 5. 모든 실수 x에 대해 $\sin^2 x + \cos^2 x = 1$임을 보여라.

(풀이) $f(x) = \sin^2 x + \cos^2 x$라고 하면

$$f'(x) = 2\sin x \cos x - 2\cos x \sin x = 0 \quad (x \in \mathbb{R})$$

이다. 그러므로 정리 3.3의 (i)에 의해 $f(x)$는 어떤 닫힌구간 $[a, b]$에서 상수이다. 그런데 $f(0) = 1$이므로 모든 실수 x에서 $\sin^2 x + \cos^2 x = 1$이다.

■ **로피탈의 법칙**. 함수 f, g의 극한이

$$\lim_{x \to a} f(x) = \lim_{x \to a} g(x) = 0 \quad \text{또는} \quad \lim_{x \to a} f(x) = \pm\infty, \quad \lim_{x \to a} g(x) = \pm\infty$$

일 때 극한 $\lim_{x \to a} \dfrac{f(x)}{g(x)}$은 부정형인 $\frac{0}{0}$ 또는 $\frac{\infty}{\infty}$ 꼴을 갖는다. 이 경우 평균값 정리로 설명할 수 있는 아래의 로피탈의 법칙으로 극한을 구할 수도 있다. 정리의 증명은 생략한다.

정리 **3.4** [로피탈의 법칙(L'Hopital's rule)] f, g가 a를 포함하는 열린구간에서 미분가능하고 $g'(x) \neq 0$이며 (점 a에서는 f, g가 미분가능하지 않을 수 있음)

$$\lim_{x \to a} f(x) = 0, \quad \lim_{x \to a} g(x) = 0$$

이거나

$$\lim_{x \to a} f(x) = \pm\infty, \quad \lim_{x \to a} g(x) = \pm\infty$$

라고 하자. 이 때 극한 $\lim_{x \to a} \dfrac{f'(x)}{g'(x)}$가 존재하거나 $+\infty$ 또는 $-\infty$이면

$$\lim_{x \to a} \frac{f(x)}{g(x)} = \lim_{x \to a} \frac{f'(x)}{g'(x)} \tag{3.5}$$

이다.

다음의 예는 $\frac{0}{0}$, $\frac{\infty}{\infty}$ 꼴의 부정형의 극한을 계산한 것이다. 극한의 계산에서 필요에 따라 로피탈의 법칙을 반복적으로 적용할 수 있다. 그러나 로피탈의 법칙을 적용할 때는 로피탈의 법칙의 요구 조건을 충족하는가를 확인하여야 한다.(연습문제 8의 9 참고)

예제 6. (i) $\lim_{x \to 0} \dfrac{\sin x}{x}$는 $\frac{0}{0}$꼴이고 로피탈의 법칙에 의해 극한은

$$\lim_{x \to 0} \frac{\sin x}{x} = \lim_{x \to 0} \frac{(\sin x)'}{(x)'} = \lim_{x \to 0} \cos x = 1$$

이다.

(ii) $\lim_{x\to\infty}\frac{x^2}{e^x}$은 $\frac{\infty}{\infty}$ 꼴로 로피탈의 법칙을 반복 적용하여 극한값

$$\lim_{x\to\infty}\frac{x^2}{e^x}=\lim_{x\to\infty}\frac{2x}{e^x}=\lim_{x\to\infty}\frac{2}{e^x}=0$$

을 구할 수 있다.

극한이 $\frac{0}{0}$, $\frac{\infty}{\infty}$와 다른 $0\cdot\infty$, $\infty-\infty$, 0^0, ∞^0, 1^∞와 같은 형태의 부정형의 극한을 구할 때 로피탈의 법칙을 적용하기 위해서는 약간의 변형이 필요하다. 예를 들어

(i) fg의 극한이 $0\cdot\infty$꼴일 때 $fg=\frac{f}{1/g}$로 변형하여 $\frac{0}{0}$ 또는 $\frac{\infty}{\infty}$꼴로,

(ii) $f-g$의 극한이 $\infty-\infty$꼴일 때 $f-g=\frac{1/g-1/f}{1/fg}$로 변형하여 $\frac{0}{0}$꼴로,

(iii) f^g가 0^0, ∞^0, 1^∞꼴일 때 $f^g=e^{g\ln f}$로

바꾸어 로피탈의 법칙을 적용할 수 있다.

예제 7. (i) 극한 $\lim_{x\to-\infty}xe^x$는 $(-\infty)\cdot 0$ 꼴이지만 $\frac{\infty}{\infty}$ 꼴로 바꾸어 극한

$$\lim_{x\to-\infty}xe^x=\lim_{x\to-\infty}\frac{x}{e^{-x}}=\lim_{x\to-\infty}\frac{1}{-e^{-x}}=-\lim_{x\to-\infty}e^x=0$$

을 구할 수 있다.

(ii) 극한 $\lim_{x\to 0}\left(\frac{1}{x}-\frac{1}{\sin x}\right)$는 $\infty-\infty$ 꼴이지만 로피탈의 법칙을 적용할 수 있는 형태로 바꾸어 극한

$$\begin{aligned}\lim_{x\to 0}\left(\frac{1}{x}-\frac{1}{\sin x}\right)&=\lim_{x\to 0}\frac{\sin x-x}{x\sin x}=\lim_{x\to 0}\frac{\cos x-1}{\sin x+x\cos x}\\&=\lim_{x\to 0}\frac{-\sin x}{2\cos x-x\sin x}=0\end{aligned}$$

을 구할 수 있다.

(iii) 극한 $\lim_{x\to\infty}x^{\frac{1}{x}}$는 ∞^0꼴이지만 $x^{\frac{1}{x}}=e^{\frac{1}{x}\ln x}$로 쓸 수 있고, 로피탈의 법칙에 의해

$$\lim_{x\to\infty}\frac{\ln x}{x}=\lim_{x\to\infty}\frac{1}{x}=0$$

이므로 극한값은

$$\lim_{x\to\infty}x^{\frac{1}{x}}=e^0=1$$

이다.

[연습문제 8]

1. 방정식 $2x^3 + 4x + \cos x = 0$가 갖는 해는 모두 몇 개인지 구하여라.

2. 곡선 $y = e^x(x+1)(x-2)$는 구간 $(-1, 2)$에서 x-축과 나란한 접선을 가짐을 설명하여라.

3. 주어진 구간에서 다음 함수의 평균값 정리를 만족하는 c를 구하여라.

(a) $f(x) = x^3 - 2x - 3, \quad [-1, 3]$ (b) $f(x) = \ln x, \quad [1, e]$

(c) $f(x) = x^3 - 5x^2 - 3x \quad [1, 3]$ (d) $f(x) = e^x, \quad [0, 1]$

4. 모든 실수 a, b에 대해 다음 부등식이 성립함을 보여라.

$$|\cos b - \cos a| \leq |b - a|, \quad |\sin b - \sin a| \leq |b - a|$$

5. 모든 $x \in \mathbb{R}$에서 $f'(x) = \alpha$이면 $f(x) = \alpha x + \beta$임을 설명하여라. (α, β는 상수)

6. 평균값 정리를 이용하여 다음 부등식을 증명하여라.

$$h < e^h - 1 < he^h \qquad (h > 0)$$

7. 함수 f, g가 닫힌구간 $[a, b]$에서 연속이고, 열린구간 (a, b)에서 미분가능하며 $g'(x) \neq 0$라고 하자.

(a) $g(a) \neq g(b)$임을 설명하여라.

(b) $F(x) = f(b) - f(x) - \frac{f(b)-f(a)}{g(b)-g(a)}[g(b) - g(x)]$라 하면 $F'(c) = 0$인 $c \in (a, b)$가 존재함을 보여라.

(c) $\frac{f'(c)}{g'(c)} = \frac{f(b)-f(a)}{g(b)-g(a)}$인 $c \in (a, b)$가 존재함을 보여라. (**코시의 평균값 정리**(Cauchy's mean value theorem))

8. $f(x_0) = x_0$인 점 x_0를 f의 **부동점**(fixed point) 이라고 한다. f가 모든 점 x에서 미분가능하고 $f'(x) \neq 1$이면 f는 적어도 하나의 부동점을 가짐을 보여라.

9. 다음 극한 계산의 오류를 찾고 올바르게 계산하여라.

$$\lim_{x \to 0} \frac{\cos x}{x} = \lim_{x \to 0} \frac{-\sin x}{1} = 0$$

10. 다음 극한을 구하여라.

(a) $\lim_{x\to 0}\frac{e^x-1}{\sin 2x}$ (b) $\lim_{x\to 0}\frac{x-\sin x}{x^3}$ (c) $\lim_{x\to 0^+}\frac{\ln(\sin x)}{\ln x}$

(d) $\lim_{x\to 0^+}\frac{\sin x^2}{x}$ (e) $\lim_{x\to 0}\frac{\sin 3x}{\tan 5x}$ (f) $\lim_{x\to\infty}\frac{x^n}{e^x}$ $(n\in\mathbb{N})$

11. 다음 극한을 구하여라.

(a) $\lim_{x\to\infty}(\sqrt{x^2+2x}-x)$ (b) $\lim_{x\to 0}(\cos x)^{1/x^2}$ (c) $\lim_{x\to 0^+}x^x$

(d) $\lim_{x\to 0}\left(\frac{1}{x}-\frac{1}{\ln(1+x)}\right)$ (e) $\lim_{x\to 0^+}(\sin x)^{\sin x}$ (f) $\lim_{x\to\infty}x(1-e^{1/x})$

9. 함수의 그래프

어떤 현상을 나타내는 함수 f의 그래프를 그릴 수 있다면 현상의 변화를 시각적으로 확인할 수 있다. 함수의 그래프를 정확하게 그릴 수 없어 개형을 그려야 하는 경우에도 그래프에 포함되어야 할 정보로 고려되어야 할 것들이 있다.

■ **함수의 증가 감소.** 미분가능한 함수의 도함수를 찾으면 도함숫값의 부호로부터 함수의 증가구간과 감소구간을 찾을 수 있다.

> 정리 **3.5** 함수 f가 구간 (a,b)에서 미분가능하고
>
> (i) $f'(x)>0$이면 f는 구간 (a,b)에서 증가하고
>
> (ii) $f'(x)<0$이면 f는 구간 (a,b)에서 감소한다.

(증명) $f'(x)>0$일 때만 증명하기로 하자. $a<x_1<x_2<b$라고 하면 평균값 정리에 의해

$$f(x_2)-f(x_1)=f'(c)(x_2-x_1) \tag{3.6}$$

인 $c \in (x_1, x_2)$가 존재한다. 그런데 식 (3.6)의 우변에서 $f'(c) > 0$이고, $x_2 > x_1$이므로 $f(x_2) - f(x_1) > 0$이다. 따라서 $f(x_2) > f(x_1)$이므로 f는 증가함수이다. □

예제 1. $f(x) = xe^x$는 미분가능한 함수이고

$$f'(x) = e^x + xe^x = e^x(1+x), \quad x \in \mathbb{R}$$

이다. 구간 $(-1, \infty)$에서 $f'(x) > 0$이므로 함수 $f(x)$는 구간 $(-1, \infty)$에서 증가하고 구간 $(-\infty, -1)$에서 $f'(x) < 0$이므로 구간 $(-\infty, -1)$에서 감소한다.

함수의 증가, 감소는 부등식의 성립 여부를 판단하는 데 이용될 수도 있다. 또 정의역의 모든 점에서 도함수가 양(또는 음)의 값을 가지면 그 함수는 증가(또는 감소)함수이므로 단사함수이다.

예제 2. $x > 0$일 때 $\ln(1+x) < x$ 임을 보여라.

(풀이) $f(x) = x - \ln(1+x)$라고 하면

$$f'(x) = 1 - \frac{1}{1+x} = \frac{x}{1+x} > 0 \quad (x > 0)$$

이므로 $f(x)$는 구간 $(0, \infty)$에서 증가하는 함수이다. 또 $f(x)$는 $x = 0$에서 연속이므로 $x > 0$일 때 $f(x) > f(0) = 0$이다. 그러므로 $x > 0$일 때 $\ln(1+x) < x$이다.

예제 3. 방정식 $\sin x - 2x = 0$의 해의 개수를 구하여라.

(풀이) $f(x) = \sin x - 2x$라고 하면 f는 연속이고 $f(-\pi) \cdot f(\pi) < 0$이므로 중간값 정리에 의해 $\sin x - 2x = 0$은 적어도 하나의 해를 갖는다. 그런데

$$f'(x) = \cos x - 2 < 0, \quad x \in \mathbb{R}$$

이므로 f는 감소함수이고 단사함수이다. 그러므로 방정식은 단 하나의 해를 갖는다.

■ **함수의 극대 극소.** 함수 f가 $x=a$의 적절한 근방 $(a-\epsilon, a+\epsilon)$에서

$$f(a) > f(x), \quad x \in (a-\epsilon, a+\epsilon), \ x \neq a$$

이면 f는 $x=a$에서 **극댓값**(local maximum value) $f(a)$를 갖는다고 한다. 또 f가 $x=a$의 적절한 근방 $(a-\epsilon, a+\epsilon)$에서

$$f(a) < f(x), \quad x \in (a-\epsilon, a+\epsilon), \ x \neq a$$

이면 f는 $x=a$에서 **극솟값**(local minimum value) $f(a)$를 갖는다고 한다. 그리고 극댓값과 극솟값을 통틀어 **극값**(extreme value)이라고 한다.

다음 정리는 미분가능한 함수의 극값을 갖는 점을 찾기 위해서는 $f'(c)=0$인 점 c만을 살펴보면 충분함을 말한다. 그러나 $f'(c)=0$라고 해서 f가 $x=c$에서 꼭 극값을 갖는 것은 아니다. 예를 들어 $f(x)=x^3$은 $f'(0)=0$이지만 $f(0)$는 극값이 아니다.

정리 3.6 함수 f가 $x=c$에서 극값을 갖고 미분가능하면 $f'(c)=0$이다.

(증명) f가 $x=c$에서 극댓값을 갖는다고 하면(극솟값을 갖는 경우도 비슷하게 설명할 수 있다.) 충분히 작은 $h>0$에 대해

$$f(c-h) < f(c), \quad f(c+h) < f(c)$$

이므로

$$\frac{f(c-h)-f(c)}{-h} > 0, \qquad \frac{f(c+h)-f(c)}{h} < 0$$

이다. 그런데 f가 $x=c$에서 미분가능하므로

$$0 \leq \lim_{h\to 0^+} \frac{f(c+h)-f(c)}{h} = f'(c) = \lim_{h\to 0^+} \frac{f(c-h)-f(c)}{-h} \leq 0$$

이다. $h<0$인 경우도 같은 방법으로 구할 수 있다. 즉, $f'(c)=0$이다. □

함수 f의 정의역 안의 점 c에서 $f'(c)=0$이거나 미분 $f'(c)$가 존재하지 않으면 점 c를 f의 **임계점**(critical point)이라고 한다. 정리 3.6에 의해 f의 극값을 찾기 위해서는 임계점에서 f의 변화를 살펴보면 충분하다.

예제 4. 함수

$$f(x) = \begin{cases} x^2, & x < 1 \\ x, & 1 \le x < 2 \\ 5 - x, & x \ge 2 \end{cases}$$

는 두 점 $x = 1, 2$을 뺀 나머지 모든 점에서 미분가능하고, $f'(x) = 0$인 점은 $x = 0$뿐이다. 그러므로 f의 임계점은 $x = 0, 1, 2$ 세 점이다. 함수 f는 $x = 0$에서 극솟값, $x = 2$에서 극댓값을 갖지만 $x = 1$에서는 극값을 갖지 않는다.

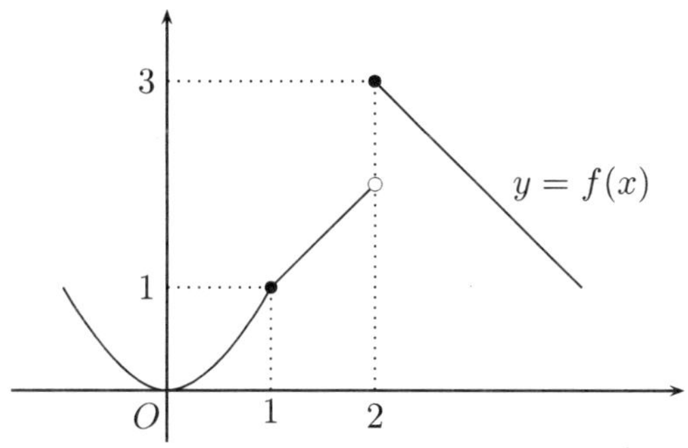

그림 3.3

■ **극대 극소의 판정.** 미분가능한 함수가 임계점에서 극댓값을 갖는가 또는 극솟값을 갖는가는 미분을 이용하여 판단할 수 있다. 어떤 함수가 증가하다가 감소하기 시작하는 점이 있다면 그 점에서 함수는 극댓값을 가질 것이다. 이 사실로부터 다음의 정리를 얻는다.

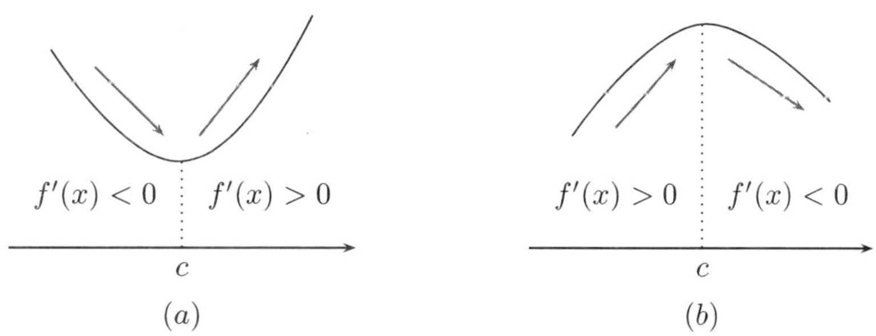

그림 3.4

정리 3.7 $x=a$가 함수 f의 임계점이고, f가 a의 적절한 근방 $(a-\epsilon, a+\epsilon)$에서 미분가능한 함수(a에서는 미분 불가능할 수 있음)일 때, x가 a를 지나면서

(i) $f'(x)$의 부호가 $+$에서 $-$로 바뀌면 $f(a)$는 극댓값이고,

(ii) $f'(x)$의 부호가 $-$에서 $+$로 바뀌면 $f(a)$는 극솟값이다.

예제 5. $f(x)=2x^3-9x^2+12x+6$는 미분가능한 함수이고

$$f'(x)=6(x^2-3x+2)=6(x-1)(x-2)$$

이므로 $x=1, 2$는 f의 임계점이다. $f'(x)$는 구간 $(-\infty, 1)$과 구간 $(2, \infty)$에서 양의 부호를 갖고, 구간 $(1, 2)$에서 음의 부호를 갖는다. 다시말해 $f'(x)$는 임계점 $x=1$을 지나면서 부호가 $+$에서 $-$로, 임계점 $x=2$를 지나면서 부호가 $-$에서 $+$로 바뀐다. 함수 f는 구간 $(-\infty, 1)$에서 증가, 구간 $(1, 2)$에서 감소, 구간 $(2, \infty)$에서 증가하므로 $x=1$에서 극댓값 $f(1)=11$, $x=2$에서 극솟값 $f(2)=10$을 갖는다.

■ **최대, 최솟값의 결정.** 유계이고 닫힌구간 $[a, b]$에서 정의된 연속인 함수 f는 최댓값과 최솟값을 갖는다. (정리 1.15 참고) 함수 f의 최댓값과 최솟값을 찾기 위해서는 극댓값, 극솟값 그리고 닫힌구간의 끝점에서의 함숫값 $f(a)$, $f(b)$를 비교하여 가장 큰 값과 가장 작을 값을 결정하면 된다. 닫힌구간 $[a, b]$에서 함수 f의 최댓값과 최솟값은 아래의 과정으로 찾을 수 있다.

(i) 구간 (a, b) 안의 f의 임계점에서 함숫값을 계산한다.

(ii) 구간의 양끝점에서 함숫값 $f(a)$, $f(b)$를 계산한다.

(iii) 위에서 구한 함숫값 중 가장 큰 값이 최댓값, 가장 작은 값이 최솟값이다.

예제 6. 닫힌구간 $[-1, 4]$에서 함수 $f(x)=x^3-3x^2+1$의 최댓값과 최솟값을 찾아보자.

$$f'(x)=3x^2-6x=3x(x-2)$$

이므로 f의 임계점 $x = 0, 2$, 구간의 끝점 $x = -1, 4$에서 함숫값은

$$f(0) = 1,\ f(2) = -3,\ f(-1) = -3,\ f(4) = 17$$

이다. 따라서 f는 $x = 4$에서 최댓값 $f(4) = 17$을 갖고, $x = -1, 2$에서 최솟값 $f(-1) = f(2) = -3$을 갖는다.

■ **곡선의 오목, 볼록.** 곡선 $y = f(x)$ 위의 임의의 두 점을 연결하는 선분이 곡선보다 아래에 있는 구간 $[a, b]$를 찾을 수 있을 때 곡선 $y = f(x)$는 구간 $[a, b]$에서 **위로 볼록**하다고 하고, 곡선 위의 임의의 두 점을 연결하는 선분이 곡선보다 위에 있는 구간 $[a, b]$를 찾을 수 있을 때 곡선 $y = f(x)$는 구간 $[a, b]$에서 **아래로 볼록**하다고 한다. 곡선의 볼록성이 바뀌는 곡선 위의 점(위로 볼록에서 아래로 볼록으로 또는 그 반대로)을 **변곡점**(point of inflection)이라고 한다. 함수가 증가하는 구간에서도 위로 볼록인 상태에서 증가하는 것과 아래로 볼록인 상태로 증가하는 것은 구별되는 형태를 갖는다.

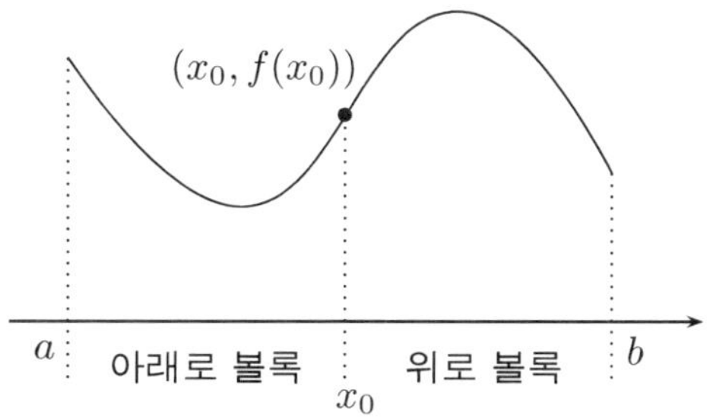

그림 3.5

> **정리 3.8** 함수 f가 $x = a$ 근방에서 두 번 미분가능하고 f''이 연속일 때
>
> (i) $f''(a) > 0$이면 곡선 $y = f(x)$는 $x = a$에서 아래로 볼록하고,
>
> (ii) $f''(a) < 0$이면 곡선 $y = f(x)$는 $x = a$에서 위로 볼록하고,
>
> (iii) $f''(a) = 0$이고 x가 a를 지나면서 $f''(x)$의 부호가 바뀌면 $(a, f(a))$는 곡선 $y = f(x)$의 변곡점이다.

예제 7. 함수 $f(x) = x^3 - x^2$의 위로 볼록, 아래로 볼록한 구간을 구하여라.

(풀이) f의 2계 도함수 $f''(x) = 6x - 2$는 연속인 함수이고

(i) $x > \frac{1}{3}$일 때 $f''(x) > 0$이므로 곡선 $y = f(x)$는 아래로 볼록하고,

(ii) $x < \frac{1}{3}$일 때 $f''(x) < 0$이므로 곡선 $y = f(x)$는 위로 볼록하고,

(iii) $f''(\frac{1}{3}) = 0$이고 $x = \frac{1}{3}$을 지나면서 f''의 부호가 바뀌기 때문에 점 $(\frac{1}{3}, -\frac{2}{27})$는 곡선 $y = f(x)$의 변곡점이다.

f가 미분가능한 함수이고 $f'(a) = 0$일 때, $f''(a) < 0$이면 $f'(x)$는 $x = a$에서 감소상태에 있는 것으로 이해할 수 있다. 이는 x가 a를 지나면서 $f'(x)$의 부호가 $+$에서 $-$로 변하는 것이므로 정리 3.7의 (i)에 의해 f는 $x = a$에서 극댓값을 갖는다. 이 사실로부터 다음의 정리를 얻는다.

> 정리 **3.9** 함수 f가 $x = a$에서 두 번 미분가능하고 $f'(a) = 0$일 때
>
> (i) $f''(a) < 0$이면 f는 $x = a$에서 극댓값을 갖고,
>
> (ii) $f''(a) > 0$이면 f는 $x = a$에서 극솟값을 갖는다.

예제 8. 함수 $f(x) = x^3 - 3x^2 + 1$은 두 번 미분가능한 함수이고

$$f'(x) = 3x^2 - 6x = 3x(x-2), \quad f''(x) = 6x - 6 = 6(x-1)$$

이고, $f'(x) = 0$인 두 점 $x = 0, 2$만이 f의 임계점이다. 또 $f''(0) < 0$, $f''(2) > 0$이므로 정리 3.9에 의해 f는 극댓값 $f(0) = 1$, 극솟값 $f(2) = -3$을 갖는다.

■ **함수의 그래프.** 함수 $f : D \to E$의 그래프 $\{(x, y) \mid y = f(x), x \in D\}$는 함수 f에 관한 정보를 가시적으로 표현한 것이다. 필요에 따라 함수에 관련된 정보가 추가될 수 있지만 보통 아래의 사항은 함수 f의 그래프의 개형에 포함되는 요소들이다.

(i) 함수 f의 정의역

(ii) 곡선 $y = f(x)$와 x-축, y-축의 교점

(iii) 증가, 감소 구간과 극대, 극솟값에 관한 정보

(iv) 볼록성과 변곡점에 관한 정보

(v) 우함수 또는 기함수일 경우 대칭성, 주기함수일 경우 주기

(vi) 정의역이 유계가 아닌 경우 $\lim_{x\to\infty} f(x)$ 등을 예측할 수 있는 변화의 경향

예제 9. $f(x) = 2xe^{-x}$의 그래프의 개형을 그려라.

(풀이) 함수 f는

(i) 실수 전체에서 정의된 미분가능한 함수이다.

(ii) 원점을 지난다.

(iii) $f'(x) = 2e^{-x}(1-x)$이므로 구간 $(-\infty, 1)$에서 증가하고, 구간 $(1, \infty)$에서 감소하며, $f(1) = \frac{2}{e}$는 극댓값이며 최댓값이다.

(iv) $f''(x) = 2e^{-x}(x-2)$이고 $f''(x) < 0$인 구간 $(-\infty, 2)$에서 위로 볼록하고, $f''(x) > 0$인 구간 $(2, \infty)$에서 아래로 볼록하며, $(2, f(2)) = (2, 4e^{-2})$은 변곡점이다.

(v) 대칭성, 주기성을 갖지 않으며

(vi) $\lim_{x\to-\infty} f(x) = -\infty$, $\lim_{x\to\infty} f(x) = 0$이다.

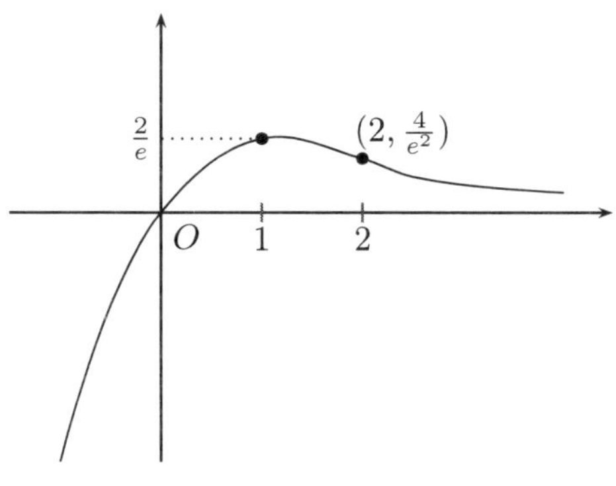

그림 3.6

[연습문제 9]

1. 다음 함수의 증가, 감소구간, 극댓값, 극솟값을 갖는 점을 구하여라.

(a) $f(x) = 6x^2 - 2x$ (b) $f(x) = 8x^{1/3} - x^{4/3}$ (c) $f(x) = \dfrac{(x-1)^2}{x^2-3}$

(d) $f(x) = 2\cos x - x$ (e) $f(x) = \ln(x^2+1)$ (f) $f(x) = x^2\, 5^x$

2. $0 < x < \frac{\pi}{2}$일 때 $\cos x > 1 - \dfrac{x^2}{2}$임을 보여라.

3. 다음 함수의 임계점을 구하여라.

(a) $f(x) = \frac{1}{2}x^2 + \cos x$ (b) $f(x) = |1 - x^2|$ (c) $f(x) = \dfrac{|x|}{x-1}$

4. 구간 $[-2, 3]$에서 $f(x) = (x^2-1)^{\frac{2}{3}}$의 극대, 극솟값과 최대, 최솟값을 구하여라.

5. $f(x) = x + \frac{a}{x-1}$의 극댓값이 0일 때 상수 a와 극솟값을 구하여라.

6. f가 미분가능한 함수이고 $f'(a) = 0$이지만 x가 a를 지나면서 $f'(x)$의 부호가 변하지 않는 함수의 예를 구하여라.

7. 다음 곡선의 위로, 아래로 볼록인 구간을 찾고 변곡점이 있으면 구하여라.

(a) $(y-2)^3 = x - 1$ (b) $y = \dfrac{x^2 + a^2}{x + a}$ $(a > 0)$

(c) $y = e^x \sin x$ (d) $2y = 1 + 2x - 3x^2 + 3x^3$

8. a, b가 양의 실수일 때 구간 $[0, 1]$에서 $f(x) = x^a(1-x)^b$의 최댓값을 구하여라.

9. 구간 $[-1, 4]$에서 $f(x) = 3x^4 - 16x^3 + 18x^2$의 그래프의 개형을 그려라.

10. 미분의 응용

미분은 함수의 해석에 가장 기본적인 도구이다. 앞 절에서 살펴본 증가, 감소, 극값의 판단뿐만 아니라, 함수의 정확한 값을 알기 어려울 때 근삿값을 찾는 데에도 응용될 수 있다.

■ **선형근사.** 함수 $y = f(x)$가 미분가능할 때 $\Delta y = f(x + \Delta x) - f(x)$라고 하면

$$f'(x) = \lim_{\Delta x \to 0} \frac{f(x + \Delta x) - f(x)}{\Delta x} = \lim_{\Delta x \to 0} \frac{\Delta y}{\Delta x} \tag{3.7}$$

이다. 식 (3.7)은 $|\Delta x|$가 충분히 작으면

$$\Delta y \approx f'(x)\Delta x \tag{3.8}$$

임을 말한다. 위의 식 (3.8)의 오른쪽 변 $f'(x)\Delta x$를 $y = f(x)$의 **미분**(differential) dy라고 하고, Δx를 x의 미분 dx라고 한다. 미분 기호를 이용하여

$$dx = \Delta x, \quad dy = f'(x)\Delta x = f'(x)\,dx$$

로 나타낼 수 있다. 위의 관계로부터 근사식

$$\begin{aligned} f(x + \Delta x) = f(x) + \Delta y \approx & f(x) + dy \\ = & f(x) + f'(x)\Delta x \end{aligned} \tag{3.9}$$

를 얻을 수 있다. 아래 식 (3.10)은 식 (3.9)에서 $a = x$, $h = \Delta x$로 놓으면 얻을 수 있다. 그림 3.7은 Δy와 dy의 관계를 보여준다. 식 (3.10)을 $x = a$에서 f의 **선형근사식**(linear approximation)이라고 한다.

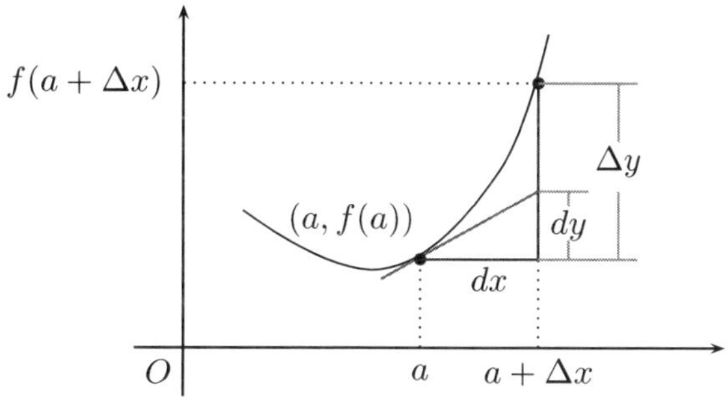

그림 3.7

정리 3.10 함수 f가 a의 근방 $(a-\epsilon, a+\epsilon)$에서 미분가능하면 충분히 작은 $h(|h|<\epsilon)$에 대해

$$f(a+h) \approx f(a) + h \cdot f'(a) \tag{3.10}$$

이다.

식 (3.10)을 이용하면 a에서 미분가능한 함수 f의 a 근방의 점 $a+h$에서 함숫값 $f(a+h)$의 근삿값을 구할 수 있다.

예제 1. $\sqrt{3.99}$의 근삿값을 구하여라.

(풀이) $f(x) = \sqrt{x}$라고 하면 f는 $x = 4$ 근방에서 미분가능한 함수이고 $f'(x) = \frac{1}{2\sqrt{x}}$이다. 정리 3.10에서 $a = 4,\ h = -0.01$이라 하면

$$\begin{aligned}\sqrt{3.99} = f(4-0.01) &\approx f(4) + (-0.01)f'(4)\\ &= \sqrt{4} - 0.01\frac{1}{2\sqrt{4}} = 1.9975\end{aligned}$$

이다.

■ **뉴튼의 방법**. 뉴튼의 방법은 f가 미분가능한 함수일 때 방정식 $f(x) = 0$의 해의 근삿값을 구하는 방법 가운데 하나이다. 그림 3.8에서와 같이 방정식 $f(x) = 0$의 해의 근삿값으로 a_1를 택하자. 곡선 $y = f(x)$ 위의 점 $(a_1, f(a_1))$에서 접선의 방정식은

$$y - f(a_1) = f'(a_1)(x - a_1) \tag{3.11}$$

이다. 이 접선과 x-축이 만나는 점을 a_2라고 하면 식 (3.11)로부터

$$a_2 = a_1 - \frac{f(a_1)}{f'(a_1)}$$

이다. 일반적으로 a_1을 적절히 선택하면 a_2는 a_1 보다 $f(x) = 0$의 해에 더 가까운 근삿값이다. 다시 곡선 위의 점 $(a_2, f(a_2))$에서 접선의 방정식을 찾고 이 접선이 x-축과 만나는 점을 a_3라고 하면

$$a_3 = a_2 - \frac{f(a_2)}{f'(a_2)}$$

이다. 이 과정을 반복하여

$$a_n = a_{n-1} - \frac{f(a_{n-1})}{f'(a_{n-1})} \quad (n > 1) \tag{3.12}$$

얻을 수 있다. 식 (3.12)의 a_n을 방정식 $f(x) = 0$의 해의 n번째 근삿값이라고 한다. 이렇게 얻은 수열 $\{a_n\}$은 방정식 $f(x) = 0$의 해에 수렴한다. 위의 방법으로 방정식 $f(x) = 0$의 해의 근삿값을 구하는 방법을 **뉴튼의 방법**(Newton's method)이라고 한다.

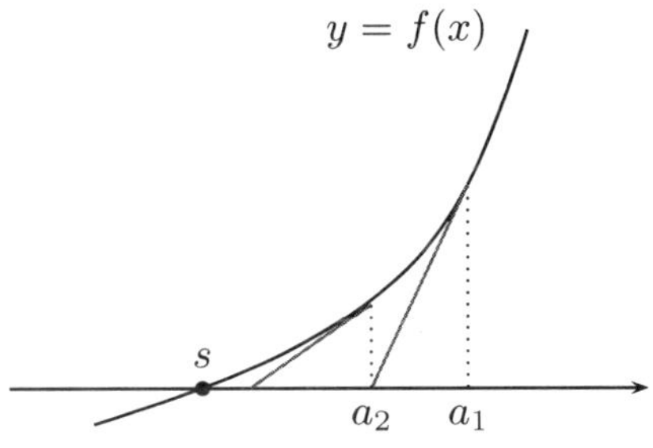

그림 3.8

예제 2. 뉴튼의 방법을 이용하여 $x^2 - 2 = 0$의 해의 세 번째 근삿값을 구하여라. (단, $a_1 = 1$)

(풀이) $f(x) = x^2 - 2$라고 하면 $f'(x) = 2x$이므로

$$\begin{aligned} a_2 =& a_1 - \frac{f(a_1)}{f'(a_1)} = 1 - \frac{-1}{2} = 1.5 \\ a_3 =& a_2 - \frac{f(a_2)}{f'(a_2)} = 1.5 - \frac{0.25}{3} \approx 1.41667 \end{aligned}$$

이다.

■ **최적화 문제**. 주어진 상황을 수학적으로 모델링(수식화)하고 가장 적합한 해결책을 찾는 것을 **최적화 문제**(optimization problem)라고 한다. 생산 현장에서 비용을 최소화하고 이익을 극대화할 수 있는 방법을 찾는 것은 최적화 문제의 대표적인 예이다. 여기서는 주어진 상황을 수식으로 나타내고 미분을 이용하여 최적화 문제를 해결하는 간단한 예를 살펴본다.

예제 3. 반지름이 r인 반원에 내접하는 가장 큰 직사각형의 넓이를 구하여라.

(풀이) 그림 3.9에서와 같이 반원을 $x^2+y^2=r^2$ $(y \geq 0)$, 내접하는 직사각형의 반원 위의 한 점 가운데 제1사분면의 점을 (x,y)라 하면 직사각형의 면적 A는

$$A = 2xy$$

이다. 그런데 점 (x,y)가 $x^2+y^2=r^2$ $(y \geq 0)$ 위의 점이므로 $y=\sqrt{r^2-x^2}$ 이다. 따라서 면적 A는 x의 함수

$$A(x) = 2x\sqrt{r^2-x^2} \quad (0 \leq x \leq r) \tag{3.13}$$

으로 나타낼 수 있다. A는 구간 $[0,r]$에서 연속인 함수이므로 최댓값을 갖는다. 또

$$A'(x) = 2\sqrt{r^2-x^2} - \frac{2x^2}{\sqrt{r^2-x^2}} = \frac{2(r^2-2x^2)}{\sqrt{r^2-x^2}} \quad (0 < x < r) \tag{3.14}$$

이다. $x=\frac{r}{\sqrt{2}}$은 A의 하나뿐인 임계점이고 $A(0)=A(r)=0$이므로 내접하는 직사각형의 최대 넓이는 $A(\frac{r}{\sqrt{2}})=r^2$이다.

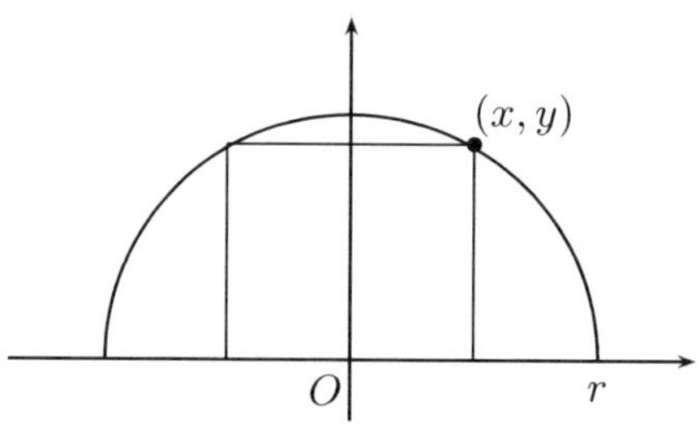

그림 3.9

[연습문제 10]

1. 선형근사식을 이용하여 $\theta=0$ 근방에서 $\sin\theta \approx \theta$임을 설명하여라.

2. 선형근사식을 이용하여 다음의 근삿값을 구하여라.

(a) $(1.999)^4$ (b) $\sqrt[3]{1001}$ (c) $\tan 44^\circ$

3. 다음에서 Δy와 dy를 구하여라.

(a) $y=-x^2+2x \ \ (x=2,\ dx=-0.4)$ (b) $y=\dfrac{2}{x},\ \ (x=4,\ dx=1)$

4. 어떤 구의 반지름을 측정하였더니 32cm였다. 측정 과정에서 나타날 수 있는 최대오차는 ± 0.05cm이다.

(a) 반지름의 측정오차를 $dr=\Delta r$, 이에 따른 부피 $\left(V(r)=\frac{4}{3}\pi r^3\right)$ 의 측정 오차를 ΔV라고 할 때 $\Delta V \approx dV$임을 설명하여라.

(b) $r=32,\ dr=0.05$일 때 부피 측정에서 생길 수 있는 오차의 근삿값 dV를 구하여라.

(c) 정확한 값과 오차의 비 $\frac{\Delta V}{V}$를 상대오차(relative error)라고 한다. (b)의 경우에서 상대오차의 근삿값 $\frac{dV}{V}$를 구하여라.

5. 뉴튼의 방법을 이용하여 $x^3-2x-5=0$의 해의 세번째 근삿값을 구하여라. (단, $a_1=2$)

6. 뉴튼의 방법을 이용하여 $\sqrt[6]{2}$의 근삿값을 찾는 방법을 설명하여라.

7. $1,000\text{cm}^3$의 물을 담을 수 있는 원통형 용기(위 아래 막힘)를 만들려고 한다. 용기의 겉넓이를 가장 작게 하려면 반지름은 얼마로 해야 하는지 구하여라.

[3장 연습문제]

1. 주어진 구간에서 다음 함수의 평균값 정리를 만족하는 점을 구하여라.

(a) $f(x)=(x-4)\ln x,\ \ [1,4]$ (b) $f(x)=e^x,\ \ [\ln 2,\ln 6]$

2. 구간 $[0,3]$에서 연속인 함수 $f(x)$에 대하여 구간 $(0,3)$에서 $1\le f'(x)\le 2$이고 $f(0)=1$이면 $4\le f(3)\le 7$임을 설명하여라.

3. 구간 $[-1,3]$에서 연속, 구간 $(-1,3)$에서 $f'(x)>3$이고 $f(-1)=-2,\ f(3)=10$인 함수 f는 존재하지 않음을 보여라.

4. 구간 $[32,33]$에서 $f(x)=\sqrt[5]{x}$에 평균값 정리를 이용하여 부등식 $2<\sqrt[5]{33}<2.0125$가 성립함을 증명하여라.

5. 평균값 정리를 이용하여 다음 부등식을 증명하여라.

$$\frac{x}{1+x^2} < \tan^{-1} x < x \quad (x > 0)$$

6. 정리 3.3을 이용하여 $2\cos^2 x \sin x - \cos x \sin 2x = 0$임을 보여라.

7. 다음 극한을 구하여라.

(a) $\lim_{x\to 0} \frac{1-\cos x}{x^2+x}$ (b) $\lim_{x\to\infty} \frac{\ln x}{\sqrt{x}}$ (c) $\lim_{x\to 0} \frac{e^x - 1 - x}{x^2}$

8. 다음 극한을 구하여라.

(a) $\lim_{x\to -\infty} (x^2 - x^3)e^{2x}$ (b) $\lim_{x\to 0^+} x^2 \ln x$ (c) $\lim_{x\to \frac{\pi}{2}^-} (\tan x)^{\cos x}$

9. 극한 $\lim_{x\to 0^+} \frac{e^{-1/x}}{x}$을 구하여라.

10. 함수 $f(x)$가 $x = a$에서 극솟값을 갖고 미분가능하면 $f'(a) = 0$임을 보여라.

11. 주어진 구간에서 다음 함수의 증가 감소구간, 극값, 최대 최솟값을 구하여라.

(a) $f(x) = 2x^3 + 3x^2 - 1, \quad [-2, 1]$ (b) $f(x) = 3^x x, \quad [-2, 2]$

(c) $f(x) = \sin^2 x - \cos x, \quad [0, \pi]$ (d) $f(x) = \ln(x^2 - 3x), \quad [4, 6]$

12. $f(3) = 2,\ f'(3) = \frac{1}{2}$이고 모든 실수 x에서 $f'(x) > 0,\ f''(x) < 0$라고 하자.

(a) $f(x) = 0$는 몇 개의 해를 갖는지 구하여라.

(b) $f'(2) = \frac{1}{3}$일 수 있는지 확인하여라.

13. 다음 함수의 위로 볼록한 구간과 아래로 볼록한 구간을 구하여라.

(a) $f(x) = 2 + 2x^2 - x^4$ (b) $f(x) = x\sqrt{6-x}$

(c) $f(x) = x - \sin x, \quad [0, 4\pi]$ (d) $f(x) = 2\cos x + \cos^2 x, \quad [0, \pi]$

14. $x > 1$일 때 $2\sqrt{x} > 3 - \frac{1}{x}$임을 보여라.

15. 방정식 $3x + 2\cos x + 5 = 0$의 해의 개수를 구하여라.

16. $f(x) = x^3 + 2x^2 - 3x - 1$일 때 선형근사법을 이용하여 $f(1.97)$의 값을 구하여라.

17. 뉴튼의 방법을 이용하여 다음 방정식의 주어진 구간에 있는 해의 근삿값을 소수 세 번째 자리까지 구하여라.

(a) $x^2 - 5 = 0, \quad [2, 3]$ (b) $4x - \sin x - 4 = 0, \quad [1, 2]$

18. 반지름 r인 원에 외접하는 이등변 삼각형 중 가장 넓이가 작은 것의 넓이를 구하여라.

19. 반지름 r인 구에 내접하는 직원뿔의 최대 부피를 구하여라.

4

적분

이 장에서는 부정적분과 정적분을 정의한다. 부정적분은 미분의 역과정으로 미분법과 연관이 있다. 극한의 개념을 이용하여 미분을 정의하였던 것처럼 정적분도 극한의 개념으로 정의할 수 있다. 정적분은 넓이와 관계가 있다. 미적분학의 기본정리는 부정적분과 정적분 사이의 관계, 미분과 적분 사이의 관계를 보여주는 정리이다.

11. 적분

한 영역의 경계가 유한개의 선분으로 이루어지지 않았다면 그 영역의 넓이를 구하는 것은 간단한 문제가 아니다. 구간 $[a,b]$에서 곡선 $y = f(x)$와 x-축 사이의 넓이와 같이 곡선에 의해 경계가 주어지는 부분의 넓이는 적분을 이용하여 계산할 수 있다.

■ **부정적분**. 구간 I에서 정의된 함수 $f(x)$에 대해

$$F'(x) = f(x) \quad (x \in I)$$

를 만족하는 함수 F가 존재하면 F를 f의 **부정적분**(indefinite integral) 또는 **원시함수**(primitive function)라고 한다. F가 f의 한 부정적분이면 $F(x) + C$ (C는 상수) 또한 함수 $f(x)$의 부정적분이다. 사실 정리 3.3의 (ii)에 의해 f의 부정적분은 모두 $F(x) + C$ (C는 임의의 상수)로 나타낼 수 있다.

함수 f의 부정적분을 구한다는 것은 f의 정의역에서 $F'(x) = f(x)$인 모든 원시함수 F를 찾는 것을 말한다. 이 관계를

$$\int f(x)\,dx = F(x) + C \tag{4.1}$$

로 나타낸다. 식 (4.1)의 f를 **피적분함수**(integrand)라고 한다. 피적분함수 f의 어느 한 원시함수 F를 알면 다른 모든 원시함수는 $F(x) + C$로 나타낼 수 있다. 여기서 C는 임의의 상수이다.

예제 1. $f(x) = \cos x$, $F(x) = \sin x$라고 하면

$$F'(x) = \cos x = f(x) \quad (x \in \mathbb{R})$$

이므로 $F(x) = \sin x$는 $f(x) = \cos x$의 부정적분이다. G를 f의 또 다른 부정적분이라고 하면 $G'(x) = F'(x) = f(x)$이므로

$$G(x) = F(x) + C = \sin x + C$$

로 나타낼 수 있다. $\cos x$의 부정적분을 구하는 것은 기호로

$$\int \cos x\,dx = \sin x + C$$

로 쓴다.

함수 f의 부정적분을 구하는 것은 f를 미분하기 전의 함수를 찾는 것이므로 미분의 역과정이다. 이런 의미에서 f의 부정적분 F를 f의 **역도함수**(antiderivative)라고 하기도 한다. 이것은 f가 미분가능한 함수일 때

$$\int f'(x)\,dx = f(x) + C \tag{4.2}$$

임을 말한다. 식 (4.2)로부터 다음의 적분식을 얻을 수 있다.

예제 2. (i) $\displaystyle\int x^n\,dx = \int \left(\frac{1}{n+1}x^{n+1}\right)' dx = \frac{1}{n+1}x^{n+1} + C \quad (n \neq -1)$

(ii) $\displaystyle\int \sin x\,dx = \int (-\cos x)' dx = -\cos x + C$

(iii) $\displaystyle\int \sec^2 x\,dx = \int (\tan x)'\,dx = \tan x + C$

(iv) $\displaystyle\int \frac{1}{1+x^2}\,dx = \int (\tan^{-1} x)'\,dx = \tan^{-1} x + C$

(v) $\displaystyle\int e^x\,dx = \int (e^x)'\,dx = e^x + C$

(vi) $\displaystyle\int a^x\,dx = \int \left(\frac{a^x}{\ln a}\right)' dx = \frac{a^x}{\ln a} + C \quad (a > 0,\ a \neq 1)$

(vii) $\displaystyle\int \frac{1}{x}\,dx = \int (\ln|x|)'\,dx = \ln|x| + C$

부정적분을 찾는 것은 미분의 역과정으로 생각할 수 있기 때문에 부정적분을 구하는 것은 미분법과 관계가 깊다. 예를 들어 f, g가 미분가능한 함수이면

$$[\alpha f(x) + \beta g(x)]' = \alpha f'(x) + \beta g'(x) \quad (\alpha,\ \beta\text{는 상수})$$

이므로

$$\int [\alpha f'(x) + \beta g'(x)]\,dx = \alpha f(x) + \beta g(x) + C \tag{4.3}$$

이다.

예제 3. 부정적분 $\displaystyle\int \left(3x^2 - \cos x + \frac{2e^x}{e^x+1}\right) dx$를 구하여라.

(풀이) $(x^3)' = 3x^2$, $(\sin x)' = \cos x$, $[\ln(e^x+1)]' = \frac{e^x}{e^x+1}$이다. 식 (4.3)에 의해

$$\begin{aligned}\int \left(3x^2 - \cos x + \frac{2e^x}{e^x+1}\right) dx &= \int 3x^2\,dx - \int \cos x\,dx + 2\int \frac{e^x}{e^x+1}dx \\ &= x^3 - \sin x + 2\ln(e^x+1) + C\end{aligned}$$

이다.

■ **정적분의 정의**. 부정적분이 역도함수의 개념이라면 정적분은 면적의 개념으로부터 정의된다. 여기서는 닫힌구간 $[a,b]$에서 양의 값을 갖는 연속인 함수의 정적분에 대해서 알아본다.

구간 $[a,b]$에서 f의 정적분은 x-축과 곡선 $y = f(x)$사이를 작은 직사각형으로 채우고 이들 직사각형들의 넓이의 합을 구하여 넓이를 구하는 것으로 설명할 수 있다. 구간 $[a,b]$를 n개의 작은 구간으로 나누는 점

$$x_0 = a < x_1 < x_2 < \cdots < x_n = b$$

를 구간 $[a,b]$의 **분할**(partition)이라고 하고 집합 $P = \{x_0, x_1, \cdots, x_n\}$으로 나타내기도 한다. 인접한 두 분할점 사이의 거리는

$$\Delta x_i = x_i - x_{i-1}$$

로 나타낸다. 함수 $f(x)$가 구간 $[a,b]$에서 연속일 때 구간 $[a,b]$의 분할에 따른 각각의 작은 구간 $[x_{i-1}, x_i]$에서 f는 최댓값과 최솟값을 갖는다. 각각의 $i(1 \le i \le n)$에 대해

$$M_i = \max\{f(x)\,|\,x \in [x_{i-1}, x_i]\}, \quad m_i = \min\{f(x)\,|\,x \in [x_{i-1}, x_i]\}$$

로 표시하자. 그림 4.1의 (a)에서 보는 것처럼

$$U(f,P) = \sum_{i=1}^{n} M_i\,\Delta x_i \tag{4.4}$$

는 구간 $[a,b]$에서 x-축과 곡선 $y = f(x)$ 사이의 면적보다 작지 않은 값이다. 식 (4.4)를 f의 구간 $[a,b]$에서 분할 P에 대한 **상합**(upper sum)이라고 한다. 또

$$L(f,P) = \sum_{i=1}^{n} m_i\,\Delta x_i \tag{4.5}$$

를 f의 구간 $[a, b]$에서 분할 P에 대한 **하합**(lower sum)이라고 한다. 구간 $[a, b]$에서 x-축과 곡선 $y = f(x)$ 사이의 면적을 A라고 하면 어떤 분할 P에 대해서도 부등식

$$L(f, P) \leq A \leq U(f, P) \tag{4.6}$$

가 성립한다.

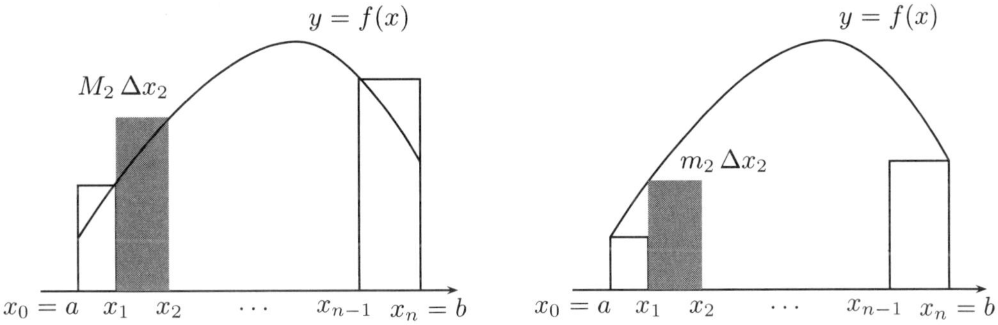

(a) $U(f, P)$ (b) $L(f, P)$

그림 4.1

P, Q가 구간 $[a, b]$의 분할이고 $P \subset Q$이면 Q를 P의 **세분**(refinement)이라고 한다. 그림 4.2에서 보는 것처럼 구간을 세분할수록 상수가 아닌 함수의 하합은 커지고 상합은 작아진다.

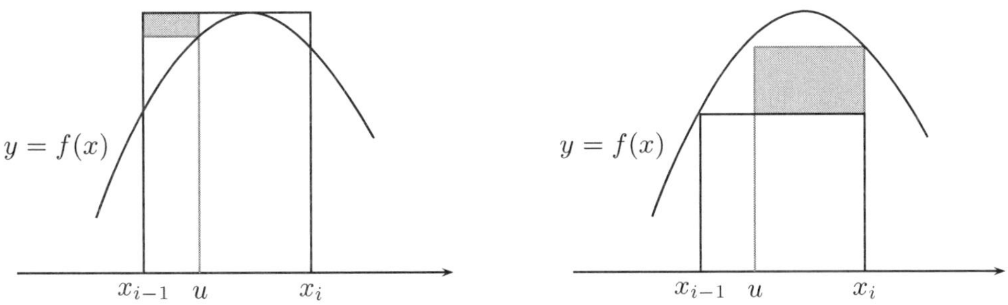

(a) 세분과 상합 (b) 세분과 하합

그림 4.2

예제 4. 구간 $[0,2]$의 분할 $P = \{0,1,2\}$, $Q = \{0,\frac{1}{2},1,2\}$에 대해 $f(x) = x$의 상합과 하합을 구하여라.

(풀이) f는 분할에 따른 작은 구간의 오른쪽 끝점에서 최댓값, 왼쪽 끝점에서 최솟값을 가지므로

$$U(f,P) = 1\cdot 1 + 2\cdot 1 = 3,\quad U(f,Q) = \frac{1}{2}\cdot\frac{1}{2} + 1\cdot\frac{1}{2} + 2\cdot 1 = \frac{11}{4}$$
$$L(f,P) = 0\cdot 1 + 1\cdot 1 = 1,\quad L(f,Q) = 0\cdot\frac{1}{2} + \frac{1}{2}\cdot\frac{1}{2} + 1\cdot 1 = \frac{5}{4}$$

이다. 여기서 Q는 P의 세분이고 부등식

$$L(f,P) \le L(f,Q) \le U(f,Q) \le U(f,P)$$

가 성립한다.

■ **적분가능한 함수**. 구간 $[a,b]$의 한 분할에 대하여 인접한 분할점 사이의 거리 가운데 최대거리를 Δ로 나타낼 때 $\Delta \to 0$이 되도록 세분을 계속하면 함수에 따라 상합과 하합의 극한이 같을 수도 있다.

> 정의 **4.1** 구간 $[a,b]$에서 인접한 분할점 사이의 거리를 임의로 가깝게 되도록 분할을 계속할 때 상합과 하합의 극한이 같으면 f는 구간 $[a,b]$에서 **적분가능**(integrable)하다고 하고
>
> $$\int_a^b f(x)\,dx = \lim_{\Delta\to 0} U(f,P) = \lim_{\Delta\to 0} L(f,P) \tag{4.7}$$
>
> 로 나타내고, $\displaystyle\int_a^b f(x)\,dx$를 구간 $[a,b]$에서 f의 **정적분**(definite integral)이라고 한다.

정의 4.1에서 짐작할 수 있는 것처럼 함수 f가 구간 $[a,b]$에서 적분가능하고 $f(x) \ge 0$이면 정적분 $\int_a^b f(x)\,dx$는 곡선 $y = f(x)$, 직선 $x = a$, $x = b$와 x-축으로 둘러싸인 부분의 넓이를 나타낸다.

예제 5. 구간 $[0,2]$에서 $f(x)=3$으로 정의된 함수가 적분가능함을 설명하고 정적분을 구하여라.

(풀이) $P=\{x_0=0,\ x_1,\ x_2,\cdots,x_n=2\}$를 구간 $[0,2]$의 임의의 분할이라하면 $M_i=m_i=3(1\le i\le n)$이므로 $U(f,P)=L(f,P)$이고

$$\begin{aligned}U(f,P)=&\sum_{i=1}^{n}M_i\Delta x_i=\sum_{i=1}^{n}m_i\Delta x_i=\sum_{i=1}^{n}3\Delta x_i\\=&3\sum_{i=1}^{n}(x_i-x_{i-1})=3(x_n-x_0)=6\end{aligned}$$

이다. 그러므로 f는 구간 $[0,2]$에서 적분가능하고

$$\int_0^2 3\,dx=6$$

이다.

예제 6. 구간 $[0,1]$에서 $f(x)=\begin{cases}1, & x:\text{유리수}\\ 0, & x:\text{무리수}\end{cases}$ 로 정의된 함수가 적분가능하지 않음을 보여라.

(풀이) $P=\{x_0=0,\ x_1,\ x_2,\cdots,x_n=1\}$가 구간 $[0,1]$의 어떤 분할이라고 해도 $M_i=1,\ m_i=0(1\le i\le n)$이므로

$$U(f,P)=1\neq 0=L(f,P)$$

이므로 상합과 하합의 극한은 서로 다르다. 그러므로 f는 구간 $[0,1]$에서 적분가능하지 않다.

■ **리만합**. f가 구간 $[a,b]$에서 유계인 함수이고, $P=\{x_0=a,\ x_1,\ x_2,\cdots,x_n=b\}$가 구간 $[a,b]$의 한 분할이라고 하자. 각각의 작은 구간 $[x_{i-1},x_i]$에서 임의로 한 점 x_i^*를 택하여 계산한

$$R(f,P)=\sum_{i=1}^{n}f(x_i^*)\Delta x_i \tag{4.8}$$

를 f의 **리만합**(Riemann sum)이라고 한다. 리만합에서는 작은 구간에서 어떤 점을 x_i^*로 선택할 것인가는 정하지 않았다. 그러므로 분할이 정해졌다고해도

그 분할에서 리만합은 유일한 것이 아니다. 그럼에도 불구하고 분할에 의한 각각의 작은 구간에서

$$m_i \Delta x_i \le f(x_i^*)\,\Delta x_i \le M_i \Delta x_i, \quad x_i^* \in [x_{i-1}, x_i]$$

이므로 상합, 하합, 리만합 사이에는

$$L(f,P) \le R(f,P) \le U(f,P) \tag{4.9}$$

의 관계가 있다. 위의 식 (4.9)로부터 f가 구간 $[a,b]$에서 적분가능하기 위한 필요충분조건은 극한 $\lim\limits_{\Delta \to 0} R(f,P)$가 존재하는 것임을 알 수 있다. 그러므로 $\lim\limits_{\Delta \to 0} R(f,P)$가 존재하면 f는 구간 $[a,b]$에서 적분가능하고

$$\lim_{\Delta \to 0} \sum_{i=1}^{n} f(x_i^*)\Delta x_i = \int_a^b f(x)\,dx \tag{4.10}$$

이다. 위의 식 (4.10)에서 $\Delta \to 0$이면 $n \to \infty$이다.

예제 7. 구간 $[0,2]$의 분할 $P = \{0,1,2\}$에 대해 $x_1^* = 0.5,\ x_2^* = 1.5$일 때 $f(x) = x$의 리만합 $R(f,P)$을 구하여라.

(풀이) (i) 식 (4.8)에 의해 리만합은

$$R(f,P) = \sum_{i=1}^{2} f(x_i^*)\Delta x_i = f(0.5)\cdot 1 + f(1.5)\cdot 1 = 0.5 + 1.5 = 2$$

이다.

(ii) 앞의 예제 4로부터 $L(f,P) \le R(f,P) \le U(f,P)$임을 볼 수 있다.

앞의 예제 6의 함수와는 달리 연속함수가 아니어도 적분가능할 수도 있다. 그러나 닫힌구간 $[a,b]$에서 연속인 함수는 모두 적분가능하다. 정리의 증명은 생략한다.

> 정리 **4.2** 함수 f가 구간 $[a,b]$에서 연속이면 f는 적분가능하다.

예제 8. 극한 $\lim_{n\to\infty}\sum_{i=1}^{n}\left(1+\frac{2}{n}i\right)\frac{2}{n}$를 구하여라.

(풀이) (i) 주어진 극한에서 합 $\sum_{i=1}^{n}\left(1+\frac{2}{n}i\right)\frac{2}{n}$은 구간 $[0,2]$를 n 등분한 분할 $P=\{0,\frac{2}{n},\frac{4}{n},\cdots,\frac{2n}{n}=2\}$에서 함수 $f(x)=1+x$의 리만합

$$\sum_{i=1}^{n} f(x_i^*)\Delta x_i=\sum_{i=1}^{n}\left(1+\frac{2}{n}i\right)\frac{2}{n},\quad x_i^*=\frac{2}{n}i,\ \ \Delta x_i=\frac{2}{n}$$

이다.

(ii) $f(x)=1+x$는 구간 $[0,2]$에서 연속인 함수이므로 적분가능하다. 그러므로 식 (4.10)에 의해

$$\lim_{n\to\infty}\sum_{i=1}^{n}\left(1+\frac{2}{n}i\right)\frac{2}{n}=\int_0^2(1+x)\,dx$$

이다. 적분 $\int_0^2(1+x)\,dx$는 구간 $[0,2]$에서 직선 $y=1+x$와 x-축 사이의 넓이이므로

$$\lim_{n\to\infty}\sum_{i=1}^{n}\left(1+\frac{2}{n}i\right)\frac{2}{n}=4$$

이다.

[연습문제 11]

1. $f'(x)=x\sqrt{x},\ f(1)=1$인 함수 $f(x)$를 구하여라.

2. 가속도 $a(t)=2t+3$로 직선 위를 움직이는 물체가 있다. 이 물체의 $t=0$에서 속도와 위치가 $v(0)=-2,\ s(0)=7$일 때 이 물체의 위치함수 $s(t)$를 구하여라.

3. 다음 부정적분을 구하여라.

(a) $\int(x^3-2x-1)\,dx$ (b) $\int\left(\frac{1}{x}+\frac{1}{\sqrt{x}}\right)dx$

(c) $\int(\sin 2x-\sec^2 x)\,dx$ (d) $\int(7^x-\sqrt{x})\,dx$

4. 구간 $[0,3]$의 분할 $P = \{0,\ 1,\ 2,\ 3\}$에 대한 함수 $f(x) = x^2 + 1$의 상합과 하합을 구하여라.

5. 극한 $\displaystyle\lim_{n\to\infty}\sum_{i=1}^{n}\left(\sin\frac{i}{n}2\pi\right)\frac{1}{n}$을 정적분으로 나타내어라.

6. 다음 극한을 구하여라.

(a) $\displaystyle\lim_{n\to\infty}\sum_{i=1}^{n}\frac{i}{n}\frac{1}{n}$ (b) $\displaystyle\lim_{n\to\infty}\sum_{i=1}^{n}\left(\frac{i}{n}-1\right)\frac{2}{n}$

7. 정적분의 정의로부터 다음이 의미하는것을 설명하여라.

(a) $\displaystyle\int_0^{\pi/4}(\cos x - \sin x)\,dx$ (b) $\displaystyle\int_{-1}^{1}\sqrt{1-x^2}\,dx$

8. $|f|$가 구간 $[a,b]$에서 적분가능하면 f도 구간 $[a,b]$에서 적분가능한지 확인하여라.

9. f가 구간 $[a,b]$에서 연속이면

$$\int_a^b f(x)\,dx = \lim_{n\to\infty}\sum_{i=1}^{n} f(x_i^*)\Delta x, \quad x_i^* \in [x_{i-1}, x_i], \quad \Delta x = \frac{b-a}{n} \tag{4.11}$$

임을 설명하여라.

12. 미적분학의 기본정리

미분과 적분은 어떤 현상을 나타내는 함수를 해석하는데 있어 기본적이며 가장 널리 이용되는 도구이다. 미적분학의 기본정리는 미분과 적분의 관계를 설명하고 정적분의 편리한 계산 방법을 말해 준다.

■ **정적분의 성질.** 정적분의 정의로부터

$$\int_a^a f(x)\,dx = 0$$

이다. 또 적분구간의 순서를 바꾼 정적분은

$$\int_b^a f(x)\,dx = -\int_a^b f(x)\,dx \tag{4.12}$$

로 약속한다.

정리 4.3 f, g가 구간 $[a,b]$에서 적분가능한 함수이면

(i) $\alpha f + \beta g$도 구간 $[a,b]$에서 적분가능한 함수이고 (α, β는 상수)

$$\int_a^b [\alpha f(x) + \beta g(x)]\,dx = \alpha \int_a^b f(x)dx + \beta \int_a^b g(x)dx, \tag{4.13}$$

(ii) $a < c < b$일 때

$$\int_a^b f(x)\,dx = \int_a^c f(x)\,dx + \int_c^b f(x)\,dx, \tag{4.14}$$

(iii) 구간 $[a,b]$에서 $f(x) \leq g(x)$일 때

$$\int_a^b f(x)\,dx \leq \int_a^b g(x)\,dx,$$

(iv) $|f|$도 구간 $[a,b]$에서 적분가능하고

$$\left|\int_a^b f(x)\,dx\right| \leq \int_a^b |f(x)|\,dx \tag{4.15}$$

이다.

f가 구간 $[a,b]$에서 적분가능한 함수일 때 정리 4.3의 (iii)으로부터 구간 $[a,b]$에서 $f(x) \geq 0$이면 $\int_a^b f(x)\,dx \geq 0$이다. 또 $m \leq f(x) \leq M$이면

$$m(b-a) = \int_a^b m\,dx \leq \int_a^b f(x)\,dx \leq \int_a^b M\,dx = M(b-a) \tag{4.16}$$

이다. 그리고 $|f(x)| \leq M$이면 정리 4.3의 (iv)에 의해

$$\left|\int_a^b f(x)\,dx\right| \leq \int_a^b |f(x)|\,dx \leq \int_a^b M\,dx = M(b-a) \tag{4.17}$$

이다.

예제 1. (i) 구간 $[0,2]$에서 $\frac{1}{2} \leq \dfrac{1}{1+(1/2)^x} \leq 1$이므로

$$1 = \int_0^2 \frac{1}{2}\,dx \leq \int_0^2 \frac{1}{1+(1/2)^x}\,dx \leq \int_0^2 1\,dx = 2$$

이고,

(ii) $|\sin x^2| \leq 1$이므로

$$\left|\int_0^{\pi/2} \sin x^2\,dx\right| \leq \int_0^{\pi/2} |\sin x^2|\,dx \leq \int_0^{\pi/2} 1\,dx = \frac{\pi}{2}$$

이다.

함수 f가 구간 $[a,b]$에서 연속이면 구간 $[a,b]$에서 곡선 $y=f(x)$와 x-축 사이의 넓이와 같은 넓이를 갖는 구간 $[a,b]$를 밑변으로 하고 높이가 $f(c)$ $(a<c<b)$인 직사각형을 찾을 수 있다.

정리 4.4 [**적분의 평균값 정리**] f가 구간 $[a,b]$에서 연속인 함수이면

$$\frac{1}{b-a}\int_a^b f(x)\,dx = f(c) \tag{4.18}$$

인 $c \in (a,b)$가 존재한다.

(증명) f가 구간 $[a,b]$에서 연속인 함수이므로 $f(x_m) = m \leq f(x) \leq M = f(x_M)$인 x_m, x_M이 구간 $[a,b]$에 존재하므로 식 (4.16)에 의해 부등식

$$m(b-a) \leq \int_a^b f(x)\,dx \leq M(b-a)$$

또는

$$m = f(x_m) \leq \frac{1}{b-a}\int_a^b f(x)\,dx \leq f(x_M) = M$$

을 얻는다. 그러므로 중간값 정리에 의해

$$\frac{1}{b-a}\int_a^b f(x)\,x = f(c)$$

인 $c \in (a,b)$가 존재한다. □

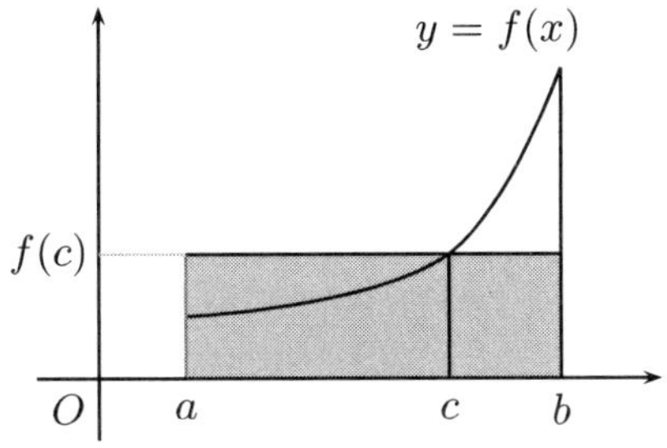

그림 4.3

예제 2. $f(x) = \sqrt{4-x^2}$일 때 $\frac{1}{2}\int_0^2 f(x)\,dx = f(c)$를 만족하는 c를 구하여라.

(풀이) f는 구간 $[0,2]$에서 연속이고 원점을 중심으로 하고 반지름이 2인 원의 제1사분면에 놓인 부분이므로

$$\int_0^2 f(x)\,dx = \pi$$

이다. 적분의 평균값 정리에 의해

$$2f(c) = 2\sqrt{4-c^2} = \pi \;\Rightarrow\; c = \sqrt{4 - \frac{\pi^2}{4}}$$

이다.

■ **미적분학의 기본정리.** 피적분함수가 연속일 경우 정적분의 계산은 피적분함수의 부정적분을 알면 쉽게 계산할 수 있다. 원시함수의 적분구간 양끝점에서의 함숫값이 정적분값을 결정한다.

피적분함수 $f : [a,b] \to \mathbb{R}$가 적분가능하면

$$F(x) = \int_a^x f(t)\,dt, \quad a \le x \le b$$

로 정의된 함수F는 f가 연속이 아니어도 연속인 함수이고(연습문제 12의 9 참고), f가 구간 $[a,b]$에서 음의 값을 갖지 않으면 F는 증가함수이며, 또 f가 미분가능하지 않아도 연속인 함수이면 이의 정적분으로 정의된 함수 F는 미분가능하다. 이것은 함수의 미분과 적분의 관계의 한 부분을 보여주는 것이다.

정리 4.5 [미적분학의 기본정리(fundamental theorem of calculus)] f가 구간 $[a,b]$에서 연속인 함수이면

(i) 함수 $F(x) = \int_a^x f(t)\,dt$는 구간 (a,b)에서 미분가능하고 $F'(x) = f(x)$이다.

(ii) G가 f의 한 부정적분이면

$$\int_a^b f(x)\,dx = G(b) - G(a) \tag{4.19}$$

이다.

(증명) (i) $|h|$를 충분히 작은 수라고 하자. f가 연속인 함수이므로 정리 4.4에 의해 $\int_x^{x+h} f(t)\,dt = hf(c)$인 c가 x와 $x+h$사이에 존재한다. 그러므로

$$\begin{aligned}\frac{F(x+h)-F(x)}{h} &= \frac{1}{h}\left(\int_a^{x+h} f(t)\,dt - \int_a^x f(t)\,dt\right)\\ &= \frac{1}{h}\int_x^{x+h} f(t)\,dt = f(c)\end{aligned}$$

이다. f가 연속함수이고 $h \to 0$이면 $c \to x$이므로

$$F'(x) = \lim_{h\to 0}\frac{F(x+h)-F(x)}{h} = \lim_{h\to 0} f(c) = f(x)$$

를 얻는다.

(ii) $F(x) = \int_a^x f(t)\,dt$라고 하면 F는 (i)에 의해 f의 부정적분이다. 그러므로 $F(x) = G(x) + C$인 상수 C가 존재한다. 그런데 $F(a) = 0$이므로 $C = -G(a)$이다. 따라서

$$\int_a^b f(x)\,dx = F(b) = G(b) + C = G(b) - G(a)$$

이다. □

미적분학의 기본정리 (i)은 구간 $[a,b]$에서 연속인 함수 f에 대해 언제나 구간 (a,b)에서 $F'(x) = f(x)$인 함수 F를 찾을 수 있음을 말한다. 다시 말해 구간

$[a, b]$에서 연속인 함수 f는 역도함수 F를 갖고, 그 역도함수는

$$F(x) = \int_a^x f(t)\,dt$$

이다.

예제 3. (i) 함수 F가 $F(x) = \int_0^x \sin(\cos t)\,dt$로 정의되었을 때 $\sin(\cos t)$는 연속인 함수이므로 $F'(x) = \sin(\cos x)$이다.

(ii) $F(x) = -\cos x$라 하면 $F'(x) = \sin x$이므로

$$\int_0^\pi \sin x\,dx = F(\pi) - F(0) = -\cos\pi + \cos 0 = 2$$

이다.

예제 4. 적분 $\int_0^1 (x^2 + e^x)dx$를 구하여라.

(풀이) $x^2 + e^x$는 연속함수이고

$$\int (x^2 + e^x)dx = \frac{1}{3}x^3 + e^x + C$$

이므로 $F(x) = \frac{1}{3}x^3 + e^x$라 하면 미적분학의 기본정리에 의해

$$\int_0^1 (x^2 + e^x)dx = F(1) - F(0) = \left(\frac{1}{3} + e\right) - 1 = e - \frac{2}{3}$$

이다.

f가 연속인 함수이고 $\alpha(x)$가 미분가능한 함수라고 하자. 적분 $\int_a^{\alpha(x)} f(t)\,dt$의 미분은 합성함수 미분법을 이용하여 구할 수 있다. $F(x) = \int_a^x f(t)\,dt$라 하면

$$\int_a^{\alpha(x)} f(t)\,dt = F(\alpha(x))$$

이므로

$$\frac{d}{dx}\int_a^{\alpha(x)} f(t)\,dt = F'(\alpha(x))\alpha'(x) = f(\alpha(x))\alpha'(x) \tag{4.20}$$

이다.

예제 5. $\dfrac{d}{dx}\displaystyle\int_x^{x^2} \sin e^t\, dt$를 구하여라.

(풀이) $f(x) = \sin e^t$는 연속함수이므로 식 (4.20)에 의해

$$\begin{aligned}\frac{d}{dx}\int_x^{x^2} \sin e^t\, dt =& \frac{d}{dx}\int_x^0 \sin e^t\, dt + \frac{d}{dx}\int_0^{x^2} \sin e^t\, dt\\ =& \frac{d}{dx}\int_0^{x^2} \sin e^t\, dt - \frac{d}{dx}\int_0^{x} \sin e^t\, dt\\ =& 2x\, \sin e^{x^2} - \sin e^x\end{aligned}$$

이다.

[연습문제 12]

1. 다음 정적분을 구하여라.

(a) $\displaystyle\int_{-1}^{2} (x^2 - 2x + 1)\, dx$ (b) $\displaystyle\int_0^1 (\sqrt[3]{x} + x^2)\, dx$

(c) $\displaystyle\int_0^{\pi/4} \sec^2 x\, dx$ (d) $\displaystyle\int_1^2 \frac{x^3+1}{x^2}\, dx$

2. $f(x) = 2 + \sin x$일 때

(a) f는 구간 $[0, 2]$에서 적분가능한 함수임을 설명하여라.

(b) $1 \le f(x) \le 3$임을 이용하여 $2 \le \displaystyle\int_0^2 f(x)\, dx \le 6$임을 설명하여라.

3. $x > 0$일 때 $\displaystyle\int_0^x |\cos t|\, dt < x$임을 설명하여라.

4. $f(x) = 3x + 1$일 때 구간 $[0, 4]$에서 적분의 평균값 정리를 만족하는 c를 구하여라.

5. 함수 $F(x) = \displaystyle\int_0^x e^{\sin t}\, dt$가 $x = 1$에서 연속임을 보여라.

6. 다음 극한을 구하여라.

(a) $\displaystyle\lim_{h\to 0} \frac{1}{h}\int_\pi^{\pi+h} \cos t\, dt$ (b) $\displaystyle\lim_{h\to 0} \frac{1}{h}\int_1^{1-h} t^2 e^t\, dt$

7. f가 연속, α, β가 미분가능한 함수일 때

$$\frac{d}{dx}\int_{\alpha(x)}^{\beta(x)} f(t)\,dt = f(\beta(x))\beta'(x) - f(\alpha(x))\alpha'(x) \tag{4.21}$$

임을 보여라.

8. 다음 함수의 도함수를 구하여라. (식 (4.21) 참고)

(a) $F(x) = \displaystyle\int_{2x}^{3x} t\sin t\,dt$ (b) $F(x) = \displaystyle\int_{0}^{x^2} \cos\sqrt{t}\,dt$

(c) $F(x) = \displaystyle\int_{\sin x}^{2} e^{t^2}\,dt$ (d) $F(x) = \displaystyle\int_{\sqrt{x}}^{x} \frac{\cos t}{e^t}\,dt$

9. f가 구간 $[a, b]$에서 적분가능한 함수일 때

$$F(x) = \int_a^x f(t)\,dt, \quad a \le x \le b$$

는 연속함수임을 보여라.

[4장 연습문제]

1. 다음 부정적분을 구하여라.

(a) $\displaystyle\int (2x+4)\,dx$ (b) $\displaystyle\int (-x^5 + 2x^3 + 1)\,dx$

(c) $\displaystyle\int (\sqrt{x} - x\sqrt{x})\,dx$ (d) $\displaystyle\int \frac{1-\sqrt[3]{x}}{\sqrt{x}}\,dx$

(e) $\displaystyle\int (\sin x - \cos 2x)\,dx$ (f) $\displaystyle\int \left(\sec^2 x - \frac{2}{1+x^2}\right)dx$

(g) $\displaystyle\int \left(\frac{2}{x} + 3e^{3x}\right)dx$ (h) $\displaystyle\int \left(3^x + \frac{2x+4}{x^2+4x}\right)dx$

2. 다음 정적분을 구하여라.

(a) $\displaystyle\int_{-1}^{1} \sqrt{1-x^2}\,dx$ (b) $\displaystyle\int_0^2 x^3\,dx$

3. f는 연속함수이고 $\displaystyle\int_a^b f(x)\,dx = \lim_{n\to\infty}\sum_{i=1}^{n}\left(2+\frac{3}{n}i\right)^4\frac{3}{n}$일 때

(a) a, b와 함수 $f(x)$로 적절한 것을 구하여라.

(b) 극한을 구하여라.

4. 다음 부등식이 성립함을 보여라.

(a) $\int_{-1}^{2}(x^2-4x+5)\,dx>0$ (b) $\int_0^1\sqrt{1+x^2}\,dx\le\int_0^1\sqrt{1+x}\,dx$

(c) $2\le\int_{-1}^{1}\sqrt{1+x^2}\,dx\le2\sqrt{2}$ (d) $\frac{\sqrt{2}\pi}{24}\le\int_{\pi/6}^{\pi/4}\cos x\,dx\le\frac{\sqrt{3}\pi}{24}$

5. $\int_1^4 f(x)\,dx=5,\ \int_3^4 f(x)\,dx=4,\ \int_1^3 g(x)\,dx=3$일 때 다음을 구하여라.

(a) $\int_1^3 f(x)\,dx$ (b) $\int_1^3[3f(x)-2g(x)]\,dx$

6. (a) 구간 $[1,3]$에서 직선 $y=2t+3$과 t-축 사이의 넓이를 구하여라.

(b) 위에서 구간 $[1,x]$에서의 넓이 $A(x)$를 구하여라. $(1\le x\le3)$

(c) $A'(x)$를 구하고 직선 $y=2t+3$과 비교하여라.

7. F는 구간 $[1,3]$에서

$$F(x)=\lim_{n\to\infty}\sum_{i=1}^{n}\left(1+\frac{x-1}{n}i\right)^2\frac{x-1}{n}$$

로 정의된 함수이다.

(a) $F(2)$를 구하여라.

(b) F의 도함수를 구하여라.

8. 다음 식을 만족하는 함수 f와 상수 a를 구하여라. $(0\le a\le\frac{\pi}{2})$

$$2\int_a^x f(t)\,dt=2\sin x-1$$

9. 다음 극한을 구하여라.

$$\lim_{n\to\infty}\frac{1}{n}\left[\left(\frac{1}{n}\right)^5+\left(\frac{2}{n}\right)^5+\left(\frac{3}{n}\right)^5+\cdots+\left(\frac{n}{n}\right)^5\right]$$

5

적분법

13. 치환적분
14. 부분적분
15. 삼각함수의 적분
16. 유리함수의 적분
17. 이상적분

피적분함수의 부정적분을 찾으면 미적분학의 기본정리를 이용하여 정적분값을 계산할 수 있기 때문에 부정적분을 찾는 것은 정적분의 계산에서 핵심적인 일이다. 이 장에서는 부정적분을 찾는 몇 가지 대표적인 방법에 대해 알아본다.

13. 치환적분

부정적분을 찾는 것은 미분의 역과정이므로 적분법은 미분법과 관계가 있다. 치환적분은 합성함수의 미분법인 연쇄법칙과 관련된 적분법으로 이해할 수 있다.

■ **치환적분**. 피적분함수의 한 부분을 다른 변수로 치환하여 피적분 함수의 형태를 단순화하여 적분하는 방법을 **치환적분**이라고 한다. 피적분함수가 $f(g(x))g'(x)$일 때 부정적분을 구하기 위해 $u = g(x)$로 치환하면 $du = g'(x)dx$이므로

$$\int f(g(x))g'(x)\,dx = \int f(u)\,du$$

로 적분을 간단하게 나타낼 수 있다. 특별히 F가 f의 부정적분이면

$$\int f(g(x))g'(x)\,dx = \int f(u)\,du = F(u) + C = F(g(x)) + C$$

이다. 치환적분을 이용하여 정적분을 계산할 때에는 치환에 따른 적분구간의 변화를 고려하여야 한다.

정리 **5.1** [치환적분법(integration by substitution)]

(i) f가 구간 I에서 연속인 함수이고 $u = g(x)$가 미분가능하며 g의 치역이 I에 속하면

$$\int f(g(x))g'(x)\,dx = \int f(u)\,du, \tag{5.1}$$

(ii) g'이 구간 $[a, b]$에서 연속이고 f가 $u = g(x)$의 치역에서 연속이면

$$\int_a^b f(g(x))g'(x)\,dx = \int_{g(a)}^{g(b)} f(u)\,du \tag{5.2}$$

이다.

예제 1. 적분 (i) $\int 2x(x^2+1)^3\,dx$, (ii) $\int_0^1 x^2\sqrt{x^3+2}\,dx$를 구하여라.

(풀이) (i) $u = x^2 + 1$로 치환하면 $du = 2x\,dx$이므로

$$\int 2x(x^2+1)^3\,dx = \int (x^2+1)^3(2x\,dx) = \int u^3 du = \frac{1}{4}u^4 + C$$
$$= \frac{1}{4}(x^2+1)^4 + C,$$

(ii) $u = x^3 + 2$로 치환하면 $du = 3x^2\,dx$이고 $x = 0$일 때 $u = 2$, $x = 1$일 때 $u = 3$이므로

$$\int_0^1 x^2\sqrt{x^3+2}\,dx = \int_0^1 \frac{1}{3}\sqrt{x^3+2}\,(3x^2\,dx) = \frac{1}{3}\int_2^3 \sqrt{u}\,du$$
$$= \left[\frac{2}{9}u^{\frac{3}{2}}\right]_2^3 = \frac{2}{9}(3\sqrt{3} - 2\sqrt{2})$$

이다.

예제 2. 적분 (i) $\displaystyle\int \tan^5 x\,\sec^2 x\,dx$, (ii) $\displaystyle\int_0^{1/2} \sin^3 \pi x \cos \pi x\,dx$를 구하여라.

(풀이) (i) $u = \tan x$로 치환하면 $du = \sec^2 x\,dx$이므로

$$\int \tan^5 x\,\sec^2 x\,dx = \int u^5\,du = \frac{1}{6}u^6 + C = \frac{1}{6}\tan^6 x + C,$$

(ii) $u = \sin \pi x$로 치환하면 $du = \pi \cos \pi x\,dx$이고 $x = 0$일 때 $u = 0$, $x = \frac{1}{2}$일 때 $u = 1$이므로

$$\int_0^{1/2} \sin^3 \pi x \cos \pi x\,dx = \frac{1}{\pi}\int_0^{1/2} \sin^3 \pi x(\pi \cos \pi x\,dx) = \frac{1}{\pi}\int_0^1 u^3\,du$$
$$= \left[\frac{1}{4\pi}u^4\right]_0^1 = \frac{1}{4\pi}$$

이다.

많은 함수들이 다항식, 삼각함수, 지수함수, 로그함수와 같은 기본함수들의 합성함수로 나타내어지기 때문에 대부분의 적분 과정에서 치환적분이 이용된다.

예제 3. 적분 (i) $\int 2x\cos(x^2-1)\,dx$, (ii) $\int_0^1 \frac{2}{(3-2x)^2}\,dx$를 구하여라.

(풀이) (i) $u = x^2-1$로 치환하면 $du = 2x\,dx$이므로

$$\int 2x\cos(x^2-1)\,dx = \int \cos u\,du = \sin u + C = \sin(x^2-1)+C,$$

(ii) $u = 3-2x$로 치환하면 $du = -2\,dx$이고 $x=0$일 때 $u=3$, $x=1$일 때 $u=1$이므로

$$\int_0^1 \frac{2}{(3-2x)^2}\,dx = -\int_3^1 \frac{1}{u^2}\,du = \int_1^3 \frac{1}{u^2}\,du = \left[-\frac{1}{u}\right]_1^3 = \frac{2}{3}$$

이다.

■ 지수, 로그함수의 미분을 이용한 치환적분. f가 미분가능한 함수일 때

$$(\ln|f(x)|)' = \frac{f'(x)}{f(x)}, \quad (f(x)\neq 0)$$

이므로

$$\int \frac{f'(x)}{f(x)}\,dx = \ln|f(x)| + C$$

이다. 위의 적분은 $u = f(x)$로 치환하면 $du = f'(x)\,dx$이므로

$$\int \frac{f'(x)}{f(x)}\,dx = \int \frac{1}{u}\,du = \ln|u| + C = \ln|f(x)| + C \tag{5.3}$$

로 이해할 수 있다.

예제 4. 적분 (i) $\int \frac{x}{x^2+1}\,dx$, (ii) $\int_0^{\frac{\pi}{3}} \frac{\sin x}{\cos x}\,dx$를 구하여라.

(풀이) (i) $u = x^2+1$로 치환하면 $du = 2x\,dx$이므로

$$\begin{aligned}\int \frac{x}{x^2+1}\,dx &= \frac{1}{2}\int \frac{2x}{x^2+1}\,dx = \frac{1}{2}\int \frac{1}{u}\,du = \frac{1}{2}\ln u + C\\ &= \ln\sqrt{u} + C = \ln\sqrt{x^2+1} + C,\end{aligned}$$

(ii) $u=\cos x$로 치환하면 $du=-\sin x\,dx$이고 $x=0$일 때 $u=1$, $x=\frac{\pi}{3}$일 때 $u=\frac{1}{2}$이므로

$$\begin{aligned}\int_0^{\frac{\pi}{3}} \frac{\sin x}{\cos x}\,dx &= -\int_0^{\frac{\pi}{3}} \frac{-\sin x}{\cos x}\,dx = -\int_1^{\frac{1}{2}} \frac{1}{u}\,du = \int_{\frac{1}{2}}^1 \frac{1}{u}\,du \\ &= [\ln|u|]_{\frac{1}{2}}^1 = \ln 1 - \ln\frac{1}{2} = \ln 2\end{aligned}$$

이다.

또한 적분 $\int f'(x)\,a^{f(x)}\,dx$에서 $u=f(x)$로 치환하면 $du=f'(x)\,dx$이므로

$$\begin{aligned}\int f'(x)a^{f(x)}\,dx &= \int a^u\,du = \frac{1}{\ln a}\int a^u \ln a\,du = \frac{1}{\ln a}a^u + C \\ &= \frac{1}{\ln a}a^{f(x)} + C \end{aligned} \tag{5.4}$$

이다.

예제 5. 적분 (i) $\int 5^{3x}\,dx$, (ii) $\int 3x^2\,7^{x^3+1}\,dx$를 구하여라.

(풀이) (i) $u=3x$ 로 치환하면 $du=3\,dx$이므로

$$\begin{aligned}\int 5^{3x}\,dx &= \frac{1}{3\ln 5}\int(\ln 5)5^{3x}(3\,dx) = \frac{1}{3\ln 5}\int(\ln 5)5^u\,du \\ &= \frac{1}{3\ln 5}5^u + C = \frac{1}{3\ln 5}5^{3x} + C,\end{aligned}$$

(ii) $u=x^3+1$ 로 치환하면 $du=3x^2\,dx$이므로

$$\begin{aligned}\int 3x^2\,7^{x^3+1}\,dx &= \frac{1}{\ln 7}\int(\ln 7)\,7^{x^3+1}(3x^2\,dx) = \frac{1}{\ln 7}\int(\ln 7)\,7^u\,du \\ &= \frac{1}{\ln 7}\,7^u + C = \frac{1}{\ln 7}\,7^{x^3+1} + C\end{aligned}$$

이다.

■ **우함수, 기함수의 정적분.** 대칭성을 갖는 함수의 정적분의 계산은 정적분의 정의로부터 적분값을 구할 수 있지만 치환적분을 이용하여 다음과 같이 계산할 수도 있다. f가 구간 $[-a,a]$에서 연속인 우함수이면 $f(-x)=f(x)$이므로

$u=-x$라 하면 $du=-dx$이므로

$$\int_{-a}^{0} f(x)\,dx = \int_{a}^{0} f(-u)\,(-du) = -\int_{a}^{0} f(u)\,du = \int_{0}^{a} f(x)\,dx$$

이다. 그러므로

$$\int_{-a}^{a} f(x)\,dx = \int_{-a}^{0} f(x)\,dx + \int_{0}^{a} f(x)\,dx = 2\int_{0}^{a} f(x)\,dx \tag{5.5}$$

이다.

f가 구간 $[-a,a]$에서 연속인 기함수이면 $f(-x)=-f(x)$이므로 $u=-x$로 치환하면

$$\int_{-a}^{0} f(x)\,dx = \int_{a}^{0} f(-u)\,(-du) = \int_{a}^{0} f(u)\,du = -\int_{0}^{a} f(x)\,dx$$

이다. 그러므로

$$\int_{-a}^{a} f(x)\,dx = \int_{-a}^{0} f(x)\,dx + \int_{0}^{a} f(x)\,dx = 0 \tag{5.6}$$

이다.

예제 6. 적분 (i) $\displaystyle\int_{-2}^{2} (x^4+1)\,dx$ (ii) $\displaystyle\int_{-1}^{1} \frac{\tan x}{1+x^2}\,dx$를 구하여라.

(풀이) (i) $f(x)=x^4+1$은 우함수이므로 식 (5.5)에 의해

$$\int_{-2}^{2} (x^4+1)\,dx = 2\int_{0}^{2} (x^4+1)\,dx = 2\left[\frac{1}{5}x^5+x\right]_0^2 = \frac{84}{5}$$

(ii) $f(x)=\dfrac{\tan x}{1+x^2}$는 기함수이므로 식 (5.6)에 의해

$$\int_{-1}^{1} \frac{\tan x}{1+x^2}\,dx = 0$$

이다.

[연습문제 13]

1. 다음 적분을 구하여라.

(a) $\int (3x-1)^5\,dx$　　(b) $\int (x+1)(x^2+2x-1)^3\,dx$

(c) $\int xe^{x^2}\,dx$　　(d) $\int \frac{2e^{2x}}{3+e^{2x}}\,dx$

(e) $\int \frac{1}{x\ln x}\,dx$　　(f) $\int \sin^3 x\,\cos x\,dx$

2. 다음 정적분을 구하여라.

(a) $\int_0^{\pi/2} \cos^5 x\,\sin x\,dx$　　(b) $\int_0^1 (e^{3x}+3^{2x})\,dx$

(c) $\int_0^2 \frac{2x+1}{x^2+x+1}\,dx$　　(d) $\int_1^e \frac{(\ln x)^2}{x}\,dx$

3. 부정적분 $\int x^5\sqrt{1+x^2}\,dx$를 구하여라. ($u=1+x^2$로 치환하면 $x^2=u-1$임을 이용할 수 있다.)

4. f가 연속함수이고

(a) $\int_0^4 f(x)\,dx = 10$일 때 $\int_0^2 f(2x)\,dx$를 구하여라.

(b) $\int_0^9 f(x)\,dx = 4$일 때 $\int_0^3 xf(x^2)\,dx$를 구하여라.

5. f가 $[0,\pi]$에서 연속인 함수이면

$$\int_0^{\pi/2} f(\cos x)\,dx = \int_0^{\pi/2} f(\sin x)\,dx \tag{5.7}$$

임을 보여라.

6. 식 (5.7)을 이용하여 적분 $\int_0^{\pi/2} \cos^2 x\,dx$, $\int_0^{\pi/2} \sin^2 x\,dx$를 구하여라.

7. f가 $[0,\pi]$에서 연속인 함수이면

$$\int_0^{\pi} xf(\sin x)\,dx = \frac{\pi}{2}\int_0^{\pi} f(\sin x)\,dx \tag{5.8}$$

임을 보여라. ($u=\pi-x$로 치환)

8. 식 (5.8)을 이용하여 적분 $\int_0^{\pi} \frac{x\sin x}{1+\cos^2 x}\,dx$를 구하여라.

9. 다음 적분을 구하여라.

(a) $\displaystyle\int \frac{1}{5-7x}\,dx$ (b) $\displaystyle\int e^{\cos t}\sin t\,dt$

(c) $\displaystyle\int \frac{\tan^{-1}x}{1+x^2}\,dx$ (d) $\displaystyle\int \frac{\sin(\ln x)}{x}\,dx$

(e) $\displaystyle\int_e^{e^4} \frac{1}{x\sqrt{\ln x}}\,dx$ (f) $\displaystyle\int_0^1 \frac{e^t+1}{e^t+t}\,dt$

10. 적분 $\displaystyle\int_0^{1/4} \frac{1}{\sqrt{1-4x^2}}\,dx$를 구하여라. ($u = 2x$로 치환)

14. 부분적분

합성함수의 미분법인 연쇄법칙이 치환적분과 관련이 있는 것처럼 대부분의 경우 적분법은 미분법과 관련이 있다. 부분적분은 곱의 미분법과 관련이 있다.

■ **부분적분**. f, g가 미분가능한 함수이면 두 함수의 곱의 미분

$$[f(x)g(x)]' = f'(x)g(x) + f(x)g'(x)$$

으로부터

$$f(x)g'(x) = [f(x)g(x)]' - f'(x)g(x)$$

를 얻고 위 식의 양변을 적분하여

$$\begin{aligned}\int f(x)g'(x)\,dx &= \int [f(x)g(x)]'\,dx - \int f'(x)g(x)\,dx \\ &= f(x)g(x) - \int f'(x)g(x)\,dx\end{aligned}$$

를 얻는다. 위와 같은 방법으로 적분 $\int f(x)g'(x)\,dx$를 구하는 방법을 부분적분법이라고 한다.

정리 5.2 [부분적분법(integration by parts)] 함수 f, g가 미분가능하고 f', g'이 연속이면

$$\int f(x)g'(x)\,dx = f(x)g(x) - \int f'(x)g(x)\,dx \tag{5.9}$$

이다.

식 (5.9)에서 $u = f(x)$, $v = g(x)$로 치환하면 $du = f'(x)dx$, $dv = g'(x)dx$이므로 부분적분은

$$\int u\,dv = uv - \int v\,du \tag{5.10}$$

로 나타낼 수 있다.

예제 1. 부정적분 $\int x\sin x\,dx$를 구하여라.

(풀이) $f(x) = x$, $g'(x) = \sin x$라고 하면 $f'(x) = 1$, $g(x) = -\cos x$이므로 식 (5.9)에 의해

$$\begin{aligned}\int x\sin x\,dx &= f(x)g(x) - \int f'(x)g(x)\,dx \\ &= x(-\cos x) - \int(-\cos x)\,dx \\ &= -x\cos x + \sin x + C\end{aligned}$$

이다.

예제 2. 부정적분 $\int \ln x\,dx$를 구하여라.

(풀이) 부분적분법을 이용하기 위해 $\ln x = 1\cdot\ln x$, $u = \ln x$, $dv = 1\,dx$로 놓으면 $du = \frac{1}{x}\,dx$, $v = x$이므로 식 (5.10)에 의해

$$\begin{aligned}\int \ln x\,dx &= uv - \int v\,du = x\ln x - \int \frac{1}{x}x\,dx \\ &= x\ln x - x + C\end{aligned}$$

이다.

■ **부분적분을 이용한 정적분의 계산.** 정적분을 계산하기 위해 부분적분법을 이용하려면 미적분학의 기본정리를 적용해야 한다. 구간 $[a,b]$에서 f', g'이 연속이라고 하자. 부분적분법을 이용한 정적분 $\int_a^b f(x)g'(x)\,dx$의 계산은

$$\int_a^b f(x)g'(x)\,dx = \big[f(x)g(x)\big]_a^b - \int_a^b f'(x)g(x)\,dx \tag{5.11}$$

와 같이 한다.

예제 3. 정적분 $\int_0^\pi e^x \sin x\,dx$를 구하여라.

(풀이) $f(x) = \sin x$, $g'(x) = e^x$라 하면 $f'(x) = \cos x$, $g(x) = e^x$이므로

$$\int_0^\pi e^x \sin x\,dx = \big[e^x \sin x\big]_0^\pi - \int_0^\pi e^x \cos x\,dx = -\int_0^\pi e^x \cos x\,dx$$

이다. 다시 $\int e^x \cos x\,dx$를 적분하기 위해 $f(x) = \cos x$, $g'(x) = e^x$로 놓고 부분적분법을 이용하여

$$\begin{aligned}\int_0^\pi e^x \sin x\,dx &= -\int_0^\pi e^x \cos x\,dx \\ &= \big[-e^x \cos x\big]_0^\pi - \int_0^\pi e^x \sin x\,dx \\ &= 1 + e^\pi - \int_0^\pi e^x \sin x\,dx\end{aligned}$$

를 얻는다. 그러므로

$$\int_0^\pi e^x \sin x\,dx = \frac{1}{2}(1 + e^\pi)$$

이다.

예제 4. 정적분 $\int_0^1 \sin^{-1} x\,dx$를 구하여라.

(풀이) $f(x) = \sin^{-1} x$, $g'(x) = 1$라고 하면 $f'(x) = \dfrac{1}{\sqrt{1-x^2}}\,dx$, $g(x) = x$

이므로

$$\begin{aligned}\int_0^1 \sin^{-1} x\,dx &= [f(x)g(x)]_0^1 - \int_0^1 f'(x)g(x)\,dx \\ &= [x\sin^{-1} x]_0^1 - \int_0^1 \frac{x}{\sqrt{1-x^2}}\,dx \\ &= \frac{\pi}{2} + \frac{1}{2}\int_0^1 \frac{-2x}{\sqrt{1-x^2}}\,dx = \frac{\pi}{2} + \frac{1}{2}\int_1^0 \frac{1}{\sqrt{s}}\,ds \\ &= \frac{\pi}{2} - 1\end{aligned}$$

이다.

[연습문제 14]

1. 다음 적분을 구하여라.

(a) $\displaystyle\int xe^{2x}\,dx$ (b) $\displaystyle\int (\ln x)^2\,dx$ (c) $\displaystyle\int x^2 \ln x\,dx$

(d) $\displaystyle\int xe^{-x}\,dx$ (e) $\displaystyle\int t\sin 2t\,dt$ (f) $\displaystyle\int e^{2x}\sin 3x\,dx$

2. 다음 정적분을 구하여라.

(a) $\displaystyle\int_4^9 \frac{\ln x}{\sqrt{x}}\,dx$ (b) $\displaystyle\int_0^1 \frac{x}{e^{2x}}\,dx$ (c) $\displaystyle\int_0^{1/2} \cos^{-1} x\,dx$

3. $f(1)=2,\ f(4)=7,\ f'(1)=5,\ f'(4)=3$이고 f''이 연속일 때 $\displaystyle\int_1^4 xf''(x)\,dx$를 구하여라.

4. 부분적분법을 이용하여 $\displaystyle\int_0^1 \tan^{-1} x\,dx$를 구하여라.

5. 다음을 보여라.

$$\int \cos^n x\,dx = \frac{1}{n}\cos^{n-1} x\sin x + \frac{n-1}{n}\int \cos^{n-2} x\,dx$$

6. (a) 자연수 $n \geq 2$에 대해

$$\int_0^{\pi/2} \sin^n x\,dx = \frac{n-1}{n}\int_0^{\pi/2} \sin^{n-2} x\,dx \tag{5.12}$$

임을 보여라.

(b) 식 (5.12)를 이용하여 $\int_0^{\pi/2} \sin^3 x\, dx, \quad \int_0^{\pi/2} \sin^5 x\, dx$를 구하여라.

(c) 다음을 보여라.

$$\int_0^{\pi/2} \sin^{2n+1} x\, dx = \frac{2 \cdot 4 \cdot 6 \cdots 2n}{3 \cdot 5 \cdot \cdot 7 \cdots (2n+1)}$$

15. 삼각함수의 적분

피적분함수가 $\sin ax + \cos bx$ 또는 $\sin^n x \cos x$, $\cos^n x \sin x$꼴이면 적절한 치환으로 쉽게 적분을 구할 수 있다. 피적분함수가 삼각함수들의 결합된 형태이고 적분이 쉽지 않은 경우에는 삼각함수와 관련된 식을 이용하여 피적분함수를 적분하기 편리한 형태로 바꾸어 줄 수 있는 방법이 필요하다. 여기서는 몇 가지 대표적인 삼각함수의 적분법에 대해 알아본다.

■ **$\sin ax \cos bx$의 적분.** a, b가 상수일 때 $\sin ax \cos bx$, $\sin ax \sin bx$, $\cos ax \cos bx$ 꼴의 부정적분은 항등식

$$\sin ax \cos bx = \frac{1}{2}[\sin(a-b)x + \sin(a+b)x], \tag{5.13}$$

$$\sin ax \sin bx = \frac{1}{2}[\cos(a-b)x - \cos(a+b)x], \tag{5.14}$$

$$\cos ax \cos bx = \frac{1}{2}[\cos(a-b)x + \cos(a+b)x] \tag{5.15}$$

를 이용하여 구할 수 있다.

예제 1. 부정적분 $\int \sin 3x \cos 7x\, dx$를 구하여라.

(풀이) 식 (5.13)을 이용하면

$$\sin 3x \cos 7x = \frac{1}{2}(-\sin 4x + \sin 10x)$$

이므로

$$\begin{aligned}\int \sin 3x \, \cos 7x \, dx &= \int \frac{1}{2}(-\sin 4x + \sin 10x)\, dx \\ &= \frac{1}{2}\int(-\sin 4x)\, dx + \frac{1}{2}\int \sin 10x \, dx \\ &= \frac{1}{8}\cos 4x - \frac{1}{20}\cos 10x + C\end{aligned}$$

이다.

■ **$\sin^m x \cos^n x$의 적분**. $\sin^m x \cos^n x$의 적분은 자연수 m, n 가운데 적어도 하나는 홀수인 경우, 모두 짝수인 경우로 나누어 생각할 수 있다.

A. $m(=2k+1)$이 홀수인 경우

$$\sin^m x \cos^n x = (\sin^{2k} x \cos^n x)\sin x = [(1-\cos^2 x)^k \cos^n x]\sin x$$

로 바꾼 후 $u = \cos x$로 치환하여

$$\begin{aligned}\int \sin^m x \cos^n x \, dx &= \int [(1-\cos^2 x)^k \cos^n x]\sin x \, dx \\ &= -\int (1-u^2)^k u^n \, du\end{aligned}$$

로 바꾸어 적분할 수 있다. n이 홀수일 때도 비슷한 방법으로 적분할 수 있다.

예제 2. 부정적분 $\int \sin^3 x \, \cos^2 x \, dx$를 구하여라.

(풀이) $\sin^3 x \, \cos^2 x = \sin^2 x \cos^2 x \sin x = (1-\cos^2 x)\cos^2 x \sin x$에서 $u = \cos x$로 치환하면 $du = -\sin x \, dx$이므로

$$\begin{aligned}\int \sin^3 x \, \cos^2 x \, dx &= \int (\cos^4 x - \cos^2 x)(-\sin x)dx = \int (u^4 - u^2)du \\ &= \frac{1}{5}u^5 - \frac{1}{3}u^3 + C \\ &= \frac{1}{5}\cos^5 x - \frac{1}{3}\cos^3 x + C\end{aligned}$$

이다.

예제 3. 부정적분 $\int \sin^2 x \cos^5 x\, dx$를 구하여라.

(풀이) $\sin^2 x \cos^5 x = \sin^2 x(1-\sin^2 x)^2 \cos x$에서 $u = \sin x$로 치환하면 $du = \cos x\, dx$이므로

$$\begin{aligned}\int \sin^2 x \cos^5 x\, dx &= \int (u^6 - 2u^4 + u^2)\, du \\ &= \frac{1}{7}u^7 - \frac{2}{5}u^5 + \frac{1}{3}u^3 + C \\ &= \frac{1}{7}\sin^7 x - \frac{2}{5}\sin^5 x + \frac{1}{3}\sin^3 x + C\end{aligned}$$

이다.

B. m, n이 모두 짝수인 경우

$$\sin^2 x = \frac{1-\cos 2x}{2}, \quad \cos^2 x = \frac{1+\cos 2x}{2} \tag{5.16}$$

를 이용하여 피적분함수를 변형한 후 적분을 구할 수 있다.

예제 4. 부정적분 $\int \cos^2 x\, dx$, $\int \sin^4 x\, dx$를 구하여라.

(풀이) (i) $\int \cos^2 x\, dx = \int \frac{1+\cos 2x}{2}\, dx = \frac{1}{2}x + \frac{1}{4}\sin 2x + C$이고,

(ii) 식 (5.16)을 반복적용하면

$$\begin{aligned}\sin^4 x &= \left(\frac{1-\cos 2x}{2}\right)^2 = \frac{1}{4}\left(1 - 2\cos 2x + \cos^2 2x\right) \\ &= \frac{1}{4} - \frac{1}{2}\cos 2x + \frac{1}{8}(1+\cos 4x)\end{aligned}$$

이므로

$$\int \sin^4 x\, dx = \frac{3}{8}x - \frac{1}{4}\sin 2x + \frac{1}{32}\sin 4x + C$$

이다.

■ **$\tan^n x$, $\cot^n x$의 적분.** 피적분함수가 $\tan^n x$, $\cot^n x$ 또는 $\sec^{2n} x$, $\csc^{2n} x$일 때의 적분법에 대해 알아보자.

A. $\tan^n x$, $\cot^n x$의 적분은 변환

$$\tan^n x = \tan^{n-2} x \tan^2 x = \tan^{n-2} x(\sec^2 x - 1), \tag{5.17}$$
$$\cot^n x = \cot^{n-2} x \cot^2 x = \cot^{n-2} x(\csc^2 x - 1) \tag{5.18}$$

을 이용하여 구할 수 있다. $(\tan x)' = \sec^2 x$, $(\cot x)' = -\csc^2 x$이므로 치환적분을 이용할 수 있기 때문이다.

예제 5. 부정적분 $\int \tan^3 dx$를 구하여라.

(풀이) $\tan^3 x = \tan x \tan^2 x = \tan x(\sec^2 x - 1)$이다. $u = \tan x$로 놓으면 $du = \sec^2 x\, dx$이므로

$$\begin{aligned}\int \tan^3 dx &= \int \tan x \sec^2 x\, dx - \int \tan x\, dx = \int u\, du - \int \frac{\sin x}{\cos x} dx \\ &= \frac{1}{2}u^2 + \int \frac{(\cos x)'}{\cos x} dx = \frac{1}{2}\tan^2 x + \ln|\cos x| + C\end{aligned}$$

이다.

B. $\sec^{2n} x$, $\csc^{2n} x$의 적분은 변환

$$\sec^2 x = 1 + \tan^2 x, \quad \csc^2 x = 1 + \cot^2 x \tag{5.19}$$

와 치환을 이용하여 찾을 수 있다.

예제 6. 부정적분 $\int \sec^4 x\, dx$를 구하여라.

(풀이) $\sec^4 x = \sec^2 x(1+\tan^2 x)$에서 $u = \tan x$로 치환하면 $du = \sec^2 x\, dx$이므로

$$\begin{aligned}\int \sec^4 dx &= \int \sec^2 x(1 + \tan^2 x)\, dx = \int (1 + u^2)\, du = \frac{1}{3}u^3 + u + C \\ &= \frac{1}{3}\tan^3 x + \tan x + C\end{aligned}$$

이다.

C. 삼각함수의 적분은 위의 형태 외에도 많은 경우가 있다. 피적분 함수의 형태에 따라 치환적분법을 이용할 수 있는 적절한 변환 방법을 생각하여야 한다.

예제 7. 부정적분 $\int \tan^3 x \sec^3 x \, dx$를 구하여라.

(풀이) $\tan^2 x = \sec^2 x - 1$을 이용하여 적분할 수 있다.

$$\begin{aligned}\tan^3 x \sec^3 x &= \tan^2 x \sec^2 x \,(\sec x \tan x)\\ &= (\sec^2 x - 1)\sec^2 x \,(\sec x \tan x)\end{aligned}$$

에서 $u = \sec x$로 치환하면 $du = \sec x \, \tan x \, dx$이므로

$$\begin{aligned}\int \tan^3 x \sec^3 x \, dx &= \int (\sec^2 x - 1)\sec^2 x \,(\sec x \tan x)\, dx\\ &= \int (u^4 - u^2)\, du = \frac{1}{5}u^5 - \frac{1}{3}u^3 + C\\ &= \frac{1}{5}\sec^5 x - \frac{1}{3}\sec^3 x + C\end{aligned}$$

이다.

[연습문제 15]

1. 다음 적분을 구하여라.

(a) $\int \sin 2x \cos 3x \, dx$ (b) $\int \cos 3x \cos 4x \, dx$

(c) $\int \sin^3 x \cos^3 x \, dx$ (d) $\int \sin^2 x \cos^2 2x \, dx$

(e) $\int \tan^2 x \, dx$ (f) $\int \cot^3 x \, dx$

2. 다음 정적분을 구하여라.

(a) $\int_0^{\pi/2} \sin 8x \cos 5x \, dx$ (b) $\int_0^{\pi/2} \sin^2 x \cos^3 x \, dx$

(c) $\int_0^{\pi/2} \sin^7 x \cos^5 x \, dx$ (d) $\int_0^{\pi/3} \tan^5 x \sec^4 x \, dx$

(e) $\int_0^{\pi/6} \sqrt{1 + \cos 2x} \, dx$ (f) $\int_0^{\pi/4} \sqrt{1 - \cos 4x} \, dx$

3. 식 $\sec^{2n} x = \sec^{2(n-1)} x \sec^2 x = (1 + \tan^2 x)^{n-1} \sec^2 x$를 이용하여 적분 $\int \sec^6 x \, dx$를 구하여라.

4. 식 $\sec^{2n+1} x = \sec^{2n-1} x \sec^2 x$와 부분적분법을 이용하여 적분 $\int \sec^3 x\, dx$를 구하여라.

5. 적분 $\int_0^{\pi/4} \dfrac{dx}{1-\sin x}$를 구하여라. (분자, 분모에 $1+\sin x$를 곱하여라.)

6. 정적분 $\int \sin x \cos x\, dx$를 아래의 방법으로 계산하고 그 결과를 비교하여라.

(a) $u = \cos x$로 치환

(b) $u = \sin x$로 치환

(c) 식 $\sin x \cos x = \frac{1}{2}\sin 2x$이용

(d) 부분적분법 이용

16. 유리함수의 적분

피적분함수가 유리함수인 경우의 적분은 유리함수를 부분분수로 나타낸 후 치환적분 등의 적절한 방법을 이용하여 적분을 구할 수 있는 경우가 많다. 여기서는 유리함수 적분의 몇 가지 방법을 알아본다.

■ **부분분수**. 유리함수 $\frac{p(x)}{q(x)}$의 분자의 차수가 분모의 차수와 같거나 높을 때 나눗셈

$$\frac{p(x)}{q(x)} = s(x) + \frac{r(x)}{q(x)} \quad (\deg r < \deg q)$$

에서 얻은 몫 $s(x)$는 다항식이다. 그러므로 $\frac{p(x)}{q(x)}$의 적분은 $\frac{r(x)}{q(x)}$를 어떻게 적분하느냐의 문제이다.

예제 1. 부정적분 $\int \dfrac{x^2+1}{x-1}\, dx$를 구하여라.

(풀이) $\frac{x^2+1}{x-1} = x+1+\frac{2}{x-1}$이다. 몫 $x+1$은 다항식이고

$$\int \frac{2}{x-1}\, dx = 2\ln|x-1| + C$$

이므로

$$\int \frac{x^2+1}{x-1}\,dx = \int (x+1)\,dx + \int \frac{2}{x-1}\,dx$$
$$= \frac{1}{2}x^2 + x + 2\ln|x-1| + C$$

이다.

다항식의 적분은 쉽게 구할 수 있으므로 위 예제에서 본 것처럼 유리함수 $\frac{p(x)}{q(x)}$의 적분은 $\deg p < \deg q$인 경우만 살펴보면 충분하다. 유리함수 $\frac{p(x)}{q(x)}$의 분모 $q(x)$의 인수의 형태에 따라 부분분수의 형태가 결정된다.

(i) 분모가 일차다항식들의 곱 $q(x) = (a_1x+b_1)(a_2x+b_2)\cdots(a_nx+b_n)$일 때 부분분수는

$$\frac{p(x)}{q(x)} = \frac{A_1}{a_1x+b_1} + \frac{A_2}{a_2x+b_2} + \cdots + \frac{A_n}{a_nx+b_n} \tag{5.20}$$

의 형태를 갖고

(ii) $q(x)$가 이차다항식 ax^2+bx+c를 포함하면 부분분수는

$$\frac{A_1x+A_2}{ax^2+bx+c} \tag{5.21}$$

를 포함하고

(iii) $q(x)$가 일차 다항식의 멱 $(ax+b)^n$을 포함하면 부분분수는

$$\frac{A_1}{ax+b} + \frac{A_2}{(ax+b)^2} + \cdots + \frac{A_n}{(ax+b)^n} \tag{5.22}$$

을 포함한다. 여기서 $A_1, A_2, \cdots, A_n$은 상수이다.

예제 2. 다음은 주어진 유리함수가 갖는 부분분수의 형태이다.

(i) $\dfrac{x^2+1}{x(x-1)(x+2)} = \dfrac{A_1}{x} + \dfrac{A_2}{x-1} + \dfrac{A_3}{x+2}$

(ii) $\dfrac{x^2-3}{(x+1)^3} = \dfrac{A_1}{x+1} + \dfrac{A_2}{(x+1)^2} + \dfrac{A_3}{(x+1)^3}$

$$\text{(iii)}\ \frac{x^2+x-1}{x(2x+1)^3(x^2+x+2)^2} = \frac{A}{x} + \frac{B_1}{2x+1} + \frac{B_2}{(2x+1)^2} + \frac{B_3}{(2x+1)^3} + \frac{C_1x+C_2}{x^2+x+2} + \frac{D_1x+D_2}{(x^2+x+2)^2}$$

예제 3. 적분 $\displaystyle\int \frac{1}{x^2-3x+2}\,dx$를 구하여라.

(풀이) 식 (5.20)에 따라 피적분함수를

$$\frac{1}{x^2-3x+2} = \frac{1}{(x-1)(x-2)} = \frac{A_1}{x-1} + \frac{A_2}{x-2} = \frac{(A_1+A_2)x-(2A_1+A_2)}{x^2-3x+2}$$

로 쓸 수 있다. 위의 첫식과 마지막 식의 계수를 비교하면

$$A_1+A_2=0,\ 2A_1+A_2=-1 \quad\Rightarrow\quad A_1=-1,\ A_2=1$$

이므로 피적분함수를 부분분수로 나타내면

$$\frac{1}{x^2-3x+2} = \frac{1}{x-2} - \frac{1}{x-1}$$

이다. 그러므로

$$\int \frac{1}{x^2-3x+2}\,dx = \int \frac{1}{x-2}\,dx - \int \frac{1}{x-1}\,dx = \ln\left|\frac{x-2}{x-1}\right| + C$$

이다.

예제 4. 적분 $\displaystyle\int \frac{3x^3+8x^2+9x+3}{(x+1)^2\,(x^2+2x+2)}\,dx$를 구하여라.

(풀이) 피적분함수의 부분분수는

$$\frac{3x^3+8x^2+9x+3}{(x+1)^2(x^2+2x+2)} = \frac{A_1}{x+1} + \frac{A_2}{(x+1)^2} + \frac{B_1x+B_2}{x^2+2x+2}$$

의 형태를 갖는다. 위 식을 통분하고 계수를 비교하여 부분분수

$$\frac{3x^3+8x^2+9x+3}{(x+1)^2(x^2+2x+2)} = \frac{2}{x+1} - \frac{1}{(x+1)^2} + \frac{x+1}{x^2+2x+2}$$

을 얻는다. 그러므로 적분은

$$\int \frac{3x^3+8x^2+9x+3}{(x+1)^2(x^2+2x+2)}\,dx = \int \left(\frac{2}{x+1} - \frac{1}{(x+1)^2} + \frac{x+1}{x^2+2x+2} \right) dx$$

$$= 2\ln|x+1| + \frac{1}{x+1} + \ln\sqrt{x^2+2x+2} + C$$

이다.

■ $\dfrac{Ax+b}{(ax+b)^2+c^2}$**꼴의 적분**. 피적분 함수의 분모를 $(ax+b)^2+c^2$의 꼴로 바꿀 수 있는 경우 적분식

$$\int \frac{1}{x^2+c^2}\,dx = \frac{1}{c}\tan^{-1}\left(\frac{x}{c}\right) + C$$

를 이용할 수 있다. (연습문제 16의 2 참고)

예제 5. 부정적분 $\displaystyle\int \frac{1}{4x^2+4x+5}\,dx$를 구하여라.

(풀이) 피적분함수는

$$\frac{1}{4x^2+4x+5} = \frac{1}{(2x+1)^2+2^2}$$

로 나타낼 수 있다. $u=2x+1$로 치환하면 $du = 2\,dx$이므로

$$\int \frac{1}{4x^2+4x+5}\,dx = \int \frac{1}{(2x+1)^2+2^2}\,dx$$

$$= \frac{1}{2}\int \frac{1}{u^2+2^2}\,du$$

$$= \frac{1}{4}\tan^{-1}\left(\frac{u}{2}\right) + C$$

$$= \frac{1}{4}\tan^{-1}\left(\frac{2x+1}{2}\right) + C$$

이다.

예제 6. 부정적분 $\displaystyle\int \frac{x^2+2x-10}{x^2(x^2+4x+5)}\,dx$를 구하여라.

(풀이) 피적분함수를 부분분수

$$\frac{x^2+2x-10}{x^2(x^2+4x+5)} = \frac{2}{x} - \frac{2}{x^2} - \frac{(2x+4)+1}{x^2+4x+5}$$

로 나타낼 수 있으므로

$$\begin{aligned}\int \frac{x^2+2x-10}{x^2(x^2+4x+5)}\,dx &= \int \frac{2}{x}\,dx - \int \frac{2}{x^2}\,dx - \int \frac{(2x+4)+1}{x^2+4x+5}\,dx \\ &= 2\ln|x| + \frac{2}{x} - \int \frac{2x+4}{x^2+4x+5}\,dx - \int \frac{1}{(x+2)^2+1}\,dx \\ &= 2\ln|x| + \frac{2}{x} - \ln(x^2+4x+5) - \tan^{-1}(x+2) + C\end{aligned}$$

이다.

[연습문제 16]

1. 다음 적분을 구하여라.

(a) $\displaystyle\int \frac{x}{x-6}\,dx$ (b) $\displaystyle\int \frac{2}{(x-1)(x-3)}\,dx$

(c) $\displaystyle\int \frac{x-3}{x^2+3x+2}\,dx$ (d) $\displaystyle\int \frac{x+2}{(x-1)^2}\,dx$

(e) $\displaystyle\int \frac{10}{(x-1)(x^2+9)}\,dx$ (f) $\displaystyle\int \frac{x+4}{x^2-2x+5}\,dx$

(g) $\displaystyle\int \frac{1}{x(x^2+4)^2}\,dx$ (h) $\displaystyle\int \frac{1}{x^3-1}\,dx$

2. $\displaystyle\int \frac{1}{x^2+c^2}\,dx = \frac{1}{c}\tan^{-1}\left(\frac{x}{c}\right) + C$임을 보여라.

17. 이상적분

앞의 11절에서 정적분을 정의할 때 적분구간을 유계인 닫힌 구간으로 한정하고 피적분함수는 적분구간에서 유계인 것으로 가정하였다. 그러나 실제 적분을 응용하는 경우에 적분구간이 유한하지 않은 경우도 있고 피적분함수가 적분구간 안에서 유계가 아닌 경우도 있다. 이런 경우의 적분을 이상적분(improper integral)이라고 한다.

■ 이상적분. 먼저 적분구간이 유한하지 않을 때의 이상적분에 대해 알아보자.

> **정의 5.3** $a < b < \infty$인 모든 b에 대해 f가 구간 $[a, b]$에서 적분가능하고 극한 $\lim_{b\to\infty}\int_a^b f(x)\,dx$가 존재하면
>
> $$\int_a^\infty f(x)\,dx = \lim_{b\to\infty}\int_a^b f(x)\,dx$$
>
> 로 정의하고 이상적분이 **수렴한다**(converges)고 한다.

함수 f가 연속일 때 적분구간이 유한하지 않은 이상적분 $\int_{-\infty}^b f(x)\,dx$, $\int_{-\infty}^\infty f(x)\,dx$는 아래 식 (5.23), (5.24)의 극한이 존재할 때

$$\int_{-\infty}^b f(x)\,dx = \lim_{a\to-\infty}\int_a^b f(x)\,dx, \tag{5.23}$$

$$\begin{aligned}\int_{-\infty}^\infty f(x)\,dx &= \int_0^\infty f(x)\,dx + \int_{-\infty}^0 f(x)\,dx \\ &= \lim_{b\to\infty}\int_0^b f(x)\,dx + \lim_{a\to-\infty}\int_a^0 f(x)\,dx\end{aligned} \tag{5.24}$$

로 정의한다. 이상적분이 수렴하지 않을 때 이상적분이 **발산한다**(diverges)고 한다.

예제 1. 이상적분 $\int_1^\infty \frac{1}{x^2}\,dx$, $\int_1^\infty \frac{1}{x}\,dx$를 계산하여라.

(풀이) 피적분함수 $\frac{1}{x^2}$, $\frac{1}{x}$은 구간 $[1, \infty)$에서 연속인 함수이므로 구간 $[1, b]$에서($1 < b < \infty$) 적분가능하다. 그리고

$$\int_1^\infty \frac{1}{x^2}\,dx = \lim_{b\to\infty}\int_1^b \frac{1}{x^2}\,dx = \lim_{b\to\infty}\left[-\frac{1}{x}\right]_1^b = 1$$

이다. 그러나

$$\int_1^\infty \frac{1}{x}\,dx = \lim_{b\to\infty}\int_1^b \frac{1}{x}\,dx = \lim_{b\to\infty}\left[\ln|x|\right]_1^b = \infty$$

이므로 이상적분 $\int_1^\infty \frac{1}{x}\,dx$는 발산한다.

예제 2. 이상적분 $\int_{-\infty}^{\infty} x\,dx$는

$$\int_{-\infty}^{\infty} x\,dx = \int_{0}^{\infty} x\,dx + \int_{-\infty}^{0} x\,dx = \lim_{b\to\infty}\int_{0}^{b} x\,dx + \lim_{a\to-\infty}\int_{a}^{0} x\,dx$$

이고 $\lim_{b\to\infty}\int_{0}^{b} x\,dx = \infty, \quad \lim_{a\to-\infty}\int_{a}^{0} x\,dx = -\infty$이므로 발산한다.

적분구간이 $[a,b)$ 또는 $(a,b]$와 같이 유계이지만 닫힌 구간이 아닐 때의 이상적분을 정의하고 몇 가지 예를 들어보자.

> **정의 5.4** f가 구간 $[a,b)$에서 연속이고 $x=b$에서 불연속일 때, 극한 $\lim_{t\to b^-}\int_{a}^{t} f(x)\,dx$가 존재하면
>
> $$\int_{a}^{b} f(x)\,dx = \lim_{t\to b^-}\int_{a}^{t} f(x)\,dx$$
>
> 로 정의하고 이상적분이 **수렴한다**(converges)고 한다.

f가 구간 $(a,b]$에서 연속이고 $x=a$에서 불연속일 때의 이상적분도 비슷하게 정의한다. 아래 식 (5.25)의 극한이 존재하면

$$\int_{a}^{b} f(x)\,dx = \lim_{t\to a^+}\int_{t}^{b} f(x)\,dx \tag{5.25}$$

로 정의한다.

예제 3. $f(x) = \dfrac{1}{\sqrt{x-1}}$은 구간 $(1,5]$에서 연속이다. $\lim_{x\to 1^+} f(x) = \infty$이지만

$$\int_{1}^{5} \frac{1}{\sqrt{x-1}}\,dx = \lim_{t\to 1^+}\int_{t}^{5} \frac{1}{\sqrt{x-1}}\,dx = \lim_{t\to 1^+}[2\sqrt{x-1}]_{t}^{5} = 4$$

이므로 이상적분은 수렴한다.

함수 f가 적분구간 $[a,b]$ 안의 한 점 $c\,(a<c<b)$에서 연속이 아니면

$$\begin{aligned}\int_a^b f(x)\,dx &= \int_a^c f(x)\,dx + \int_c^b f(x)\,dx \\ &= \lim_{t\to c^-}\int_a^t f(x)\,dx + \lim_{k\to c^+}\int_k^b f(x)\,dx \end{aligned} \tag{5.26}$$

로 약속한다. 적분을 계산하기 전에 적분구간에서 피적분함수의 연속성 등을 살펴보아야 한다.

예제 4. 적분 $\displaystyle\int_0^2 \frac{1}{x-1}\,dx$의 수렴여부를 판단하여라.

(풀이) $\displaystyle\int_0^2 \frac{1}{x-1}\,dx$는 피적분함수가 적분구간 안의 점 $x=1$에서 불연속이고 좌극한과 우극한이 각각 $-\infty$, ∞인 이상적분이다. 식 (5.26)에 의해

$$\begin{aligned}\int_0^2 \frac{1}{x-1}\,dx &= \int_0^1 \frac{1}{x-1}\,dx + \int_1^2 \frac{1}{x-1}\,dx \\ &= \lim_{b\to 1^-}\int_0^b \frac{1}{x-1}\,dx + \lim_{a\to 1^+}\int_a^2 \frac{1}{x-1}\,dx\end{aligned}$$

이고,

$$\lim_{a\to 1^+}\int_a^2 \frac{1}{x-1}\,dx = \lim_{a\to 1^+}\left[\ln|x-1|\right]_a^2 = \infty$$

이므로 이상적분은 발산한다.

■ **이상적분의 수렴판정**. 이상적분이 어떤 값에 수렴하는지 정확하게 알 수 있다면 좋겠지만 때로는 이상적분의 수렴여부를 아는 것만으로 충분할 때도 있다. 다음은 수렴여부를 알고 있는 다른 이상적분과 비교하여 이상적분의 수렴여부를 판단할 수 있는 방법이다.

> **정리 5.5** 함수 f, g 가 구간 $[a,\infty)$에서 연속이고 $f(x)\ge g(x)\ge 0$일 때
>
> (i) $\displaystyle\int_a^\infty f(x)\,dx$가 수렴하면 $\displaystyle\int_a^\infty g(x)\,dx$도 수렴한다.
>
> (ii) $\displaystyle\int_a^\infty g(x)\,dx$가 발산하면 $\displaystyle\int_a^\infty f(x)\,dx$도 발산한다.

예제 5. (i) $x \geq 1$일 때 $e^{-x} \geq e^{-x^2}$이고

$$\int_1^\infty e^{-x}\,dx = \lim_{b\to\infty}\int_1^b e^{-x}\,dx = \lim_{b\to\infty}(e^{-1} - e^{-b}) = \frac{1}{e}$$

이므로 이상적분 $\int_1^\infty e^{-x^2}\,dx$는 수렴한다.

(ii) $x \geq 1$에서 $\frac{1}{x} < \frac{1+e^{-x}}{x}$이고

$$\int_1^\infty \frac{1}{x}\,dx = \lim_{b\to\infty}\int_1^b \frac{1}{x}\,dx = \lim_{b\to\infty}\ln b = \infty$$

이므로 이상적분 $\int_1^\infty \frac{1+e^{-x}}{x}\,dx$는 발산한다.

[연습문제 17]

1. 다음 적분을 구하여라.

(a) $\int_0^1 \frac{1}{\sqrt{x}}\,dx$ (b) $\int_0^2 \frac{2}{\sqrt{4-x^2}}\,dx$

(c) $\int_{-\infty}^\infty \frac{1}{1+x^2}\,dx$ (d) $\int_{-\infty}^{-1} \frac{1}{1+x^2}\,dx$

2. 다음 적분의 수렴 여부를 판정하여라.

(a) $\int_1^2 \frac{1}{\sqrt{x-1}}\,dx$ (b) $\int_0^1 \frac{1}{\sqrt{1-x^2}}\,dx$

(c) $\int_0^{\pi/4} \tan 2x\,dx$ (d) $\int_0^1 \frac{\ln x}{x}\,dx$

(e) $\int_0^\infty \frac{x}{x^3+1}\,dx$ (f) $\int_0^\pi \frac{\sin^2 x}{\sqrt{x}}\,dx$

3. 적분 $\int_1^\infty \frac{1}{x^p}\,dx$가 수렴하는 p의 범위를 구하여라.

4. 다음 이상적분이 수렴하면 적분값을 구하여라.

(a) $\int_0^\infty \cos x\,dx$ (b) $\int_{-\infty}^0 e^x\,dx$ (c) $\int_0^1 \frac{1}{x^2}\,dx$

(d) $\int_{-\infty}^0 xe^x\,dx$ (e) $\int_0^1 \ln x\,dx$

5. 이상적분 $\int_{-1}^{1} \frac{1}{x^2}\, dx$의 수렴여부를 판단하여라.

6. 이상적분 $\int_{1}^{\infty} \frac{\sin^2 x}{x^2}\, dx$의 수렴여부를 판단하여라.

7. 이상적분 $\int_{-\infty}^{\infty} e^{-x^2}\, dx$가 수렴함을 보여라.

[5장 연습문제]

1. 다음 적분을 구하여라.

(a) $\int (4x-1)(2x^2-x+1)^3\, dx$ (b) $\int \cos x \sec^2(\sin x)\, dx$

(c) $\int (1+\sin x)e^{\cos x - x}\, dx$ (d) $\int \frac{2x+1}{x^2+1}\, dx$

(e) $\int (\ln 2)\, 2^{5x}\, dx$ (f) $\int \ln(x+1)\, dx$

(g) $\int \cos(\ln x)\, dx$ (h) $\int \sqrt{x}\, e^{\sqrt{x}}\, dx$

2. 다음 적분을 구하여라.

(a) $\int_{0}^{\ln 2} xe^x\, dx$ (b) $\int_{0}^{1} x \tan^{-1} x\, dx$

3. α, β가 실수일 때 다음이 성립함을 보여라.

$$\int x^\alpha (1-x)^\beta\, dx = -\int x^\beta (1-x)^\alpha\, dx$$

4. f가 연속함수일 때 다음이 성립함을 보여라.

$$\int_0^1 f(x)\, dx = \int_0^1 f(1-x)\, dx$$

5. f가 연속함수이고 $\int_0^2 f(x)\, dx = 6$일 때 $\int_0^{\pi/2} f(2\sin x)\cos x\, dx$를 구하여라.

6. f'가 구간 $[1, 3]$에서 연속이고 증가하며, $f(1) = 2$, $f(3) = 5$일 때 다음을 구하여라.

(a) $2\int_1^3 f(x)f'(x)\, dx$ (b) $3\int_1^3 [f(x)]^2 f'(x)\, dx$

7. 함수 g는 함수 f의 역함수이고 f'은 연속함수일 때 다음을 보여라.

(a) $\displaystyle\int f(x)\,dx = xf(x) - \int xf'(x)\,dx$

(b) $\displaystyle\int_a^b f(x)\,dx + \int_{f(a)}^{f(b)} g(y)\,dy = bf(b) - af(a)$

(c) 그림 5.1을 보고 위의 (b)를 설명하여라.

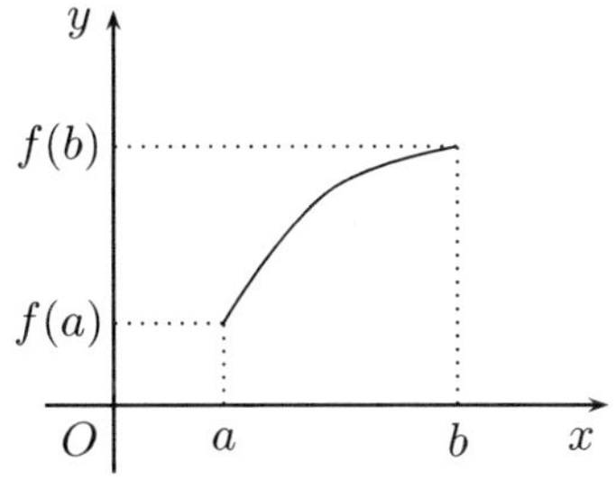

그림 5.1

8. 다음 이상적분이 수렴하면 적분값을 구하여라.

(a) $\displaystyle\int_2^\infty \frac{1}{x\ln x}\,dx$　　(b) $\displaystyle\int_0^4 \frac{\ln x}{\sqrt{x}}\,dx$

(c) $\displaystyle\int_0^1 \frac{x-1}{\sqrt{x}}\,dx$　　(d) $\displaystyle\int_{-\infty}^\infty \frac{1}{4x^2+4x+5}\,dx$

9. n이 임의의 자연수일 때 다음을 보여라.

(a) $\displaystyle\lim_{x\to\infty} \frac{x^n}{e^x} = 0$

(b) $x \geq A$일 때 $0 < \dfrac{x^{n-1}}{e^x} \leq \dfrac{1}{x^2}$을 만족하는 A가 존재한다.

(c) 이상적분 $\displaystyle\int_0^\infty x^{n-1}e^{-x}\,dx$은 수렴한다.

10. 다음 이상적분이 수렴하는 실수 p의 범위를 구하여라.

(a) $\displaystyle\int_0^1 x^p \ln x\,dx$　　(b) $\displaystyle\int_e^\infty \frac{1}{x(\ln x)^p}\,dx$

11. f'이 구간 $[0,\infty)$에서 연속이고 $\displaystyle\lim_{x\to\infty} f(x) = 0$일 때 $\displaystyle\int_0^\infty f'(x)\,dx = -f(0)$임을 설명하여라.

6

적분의 응용

구간 $[a, b]$에서 함수 f의 정적분은 넓이를 계산하는 개념으로 정의된 것이기 때문에 연속인 함수에 의해 경계가 정해지는 부분의 넓이는 적분으로 계산할 수 있다. 곡선의 길이 입체의 부피와 겉넓이의 계산도 적분을 이용할 수 있다. 정적분을 정의할 때처럼 적분구간을 세분하여 작은 구간에서 길이, 부피, 겉넓이의 근삿값과 구간 전체에서 근삿값의 합을 구하고, 세분의 간격을 0에 가깝도록 극한을 취하여 곡선의 길이, 입체의 부피와 겉넓이를 정적분으로 계산할 수 있다.

18. 극좌표

평면 위의 점의 위치는 직교좌표로 나타내는 방법 외에도 원점으로부터의 거리와 기준선으로부터 회전각을 이용하여 극좌표로 나타내는 방법이 있다. 이 절에서는 극좌표로 표시된 함수의 그래프, 접선, 적분에 대해 알아 본다.

■ **극좌표**. 평면에서 한 점 O와 반직선 OX가 정해지면 평면 위의 점 P의 위치는 선분 OP의 길이와 각 $\angle XOP$의 크기로 나타낼 수 있다. 선분 OP의 길이를 r, $\angle XOP$의 크기를 θ라고 할 때 (r, θ)를 점 P의 **극좌표**(polar coordinate)라고 한다. 여기서 O를 원점, OX를 극축, r을 **동경**(radius)이라고 한다. θ는 **편각**(argument)이라고 하며 극축에서 반시계방향으로 잰 선분 OP까지의 값을 양으로, 시계방향으로 측정한 값을 음으로 정한다. 또 동경이 음의 값으로 주어질 때는 그림 6.1의 (b)에서 처럼

$$(-r, \theta) = (r, \theta + \pi) \tag{6.1}$$

로 약속한다.

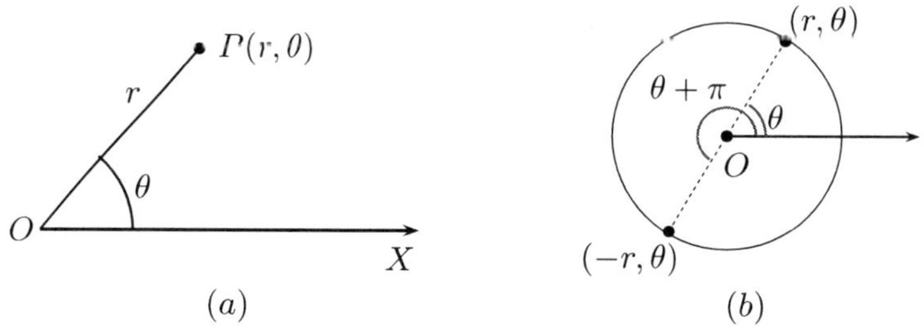

그림 6.1

예제 1. 평면에서 극좌표 $\left(1, \frac{3}{4}\pi\right)$, $\left(2, \frac{1}{4}\pi\right)$, $\left(2, -\frac{1}{4}\pi\right)$, $\left(-2, \frac{1}{4}\pi\right)$로 표시된 점은 그림 6.2와 같이 나타낼 수 있다.

직교좌표의 원점과 양의 x-축을 각각 극좌표의 원점과 극축에 일치 시켰을 때 평면 위의 점 P의 직교좌표를 (x, y), 극좌표를 (r, θ)라고 하면 두 좌표 사이에는

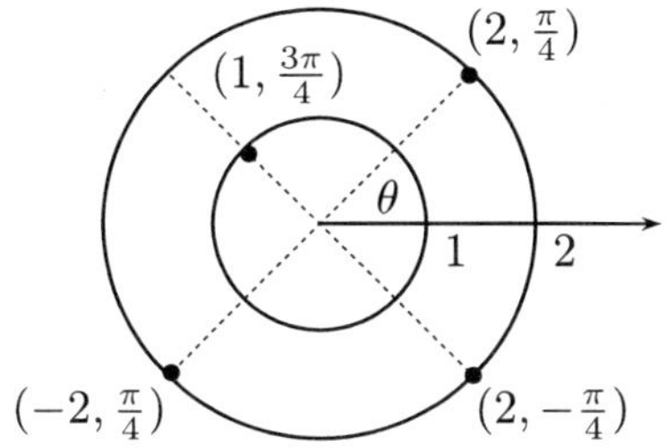

그림 6.2

다음의 관계가 성립한다.

$$x = r\cos\theta, \qquad y = r\sin\theta \tag{6.2}$$

$$r = \sqrt{x^2 + y^2}, \qquad \theta = \tan^{-1}\frac{y}{x} \tag{6.3}$$

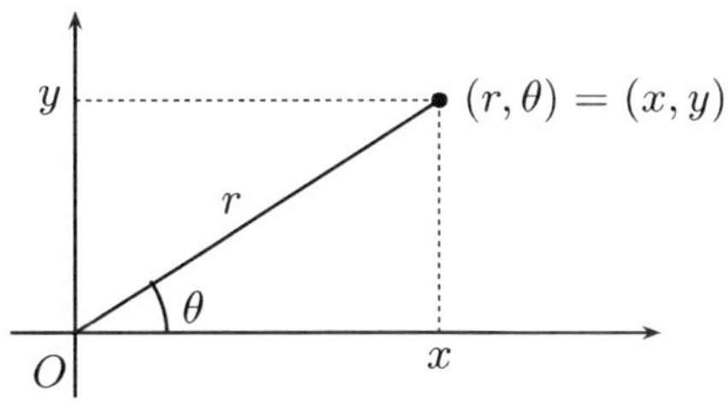

그림 6.3

위의 관계 (6.2), (6.3)을 이용하여 극좌표를 직교좌표로 또는 그 반대로 바꾸어 나타낼 수 있다. $r = f(\theta)$로 나타낸 식을 **극방정식**(polar equation)이라 하고 극방정식을 만족하는 점 (r, θ)의 집합을 극방정식의 그래프라고 한다. 극방정식의 그래프는 편각의 변화에 따른 동경의 움직임을 평면에 나타낸 것이다.

예제 2. 극방정식 $r = \sin\theta$를 직교방정식으로 나타내어라.

(풀이) 극방정식 $r = \sin\theta$의 양변에 r를 곱한 후 식 (6.2), (6.3)을 이용하여 직교방정식

$$r^2 = r\sin\theta \;\Rightarrow\; x^2 + y^2 = y, \quad \text{또는} \quad x^2 + \left(y - \frac{1}{2}\right)^2 = \left(\frac{1}{2}\right)^2$$

을 얻는다. 극방정식 $r = \sin\theta$의 그래프는 직교좌표계에서 점 $(0, \frac{1}{2})$을 중심으로 하고 반지름이 $\frac{1}{2}$인 원에 해당한다.

예제 3. 극방정식 $r = 1 + \sin\theta\,(0 \le \theta \le 2\pi)$의 그래프를 그려라.

(풀이) $r = 1 + \sin\theta$는 편각 θ가 0에서 $\frac{\pi}{2}$로 증가할 때 동경 r은 1에서 2로 증가한다. 또 편각 θ가 $\frac{\pi}{2}$에서 π로 증가할 때 동경 r은 2에서 1로 감소한다. 이와 같이 편각 θ의 변화에 따른 동경 r의 움직임을 조사하여 그림 6.4와 같은 $r = 1 + \sin\theta\,(0 \le \theta \le 2\pi)$의 그래프의 개형을 그릴 수 있다.

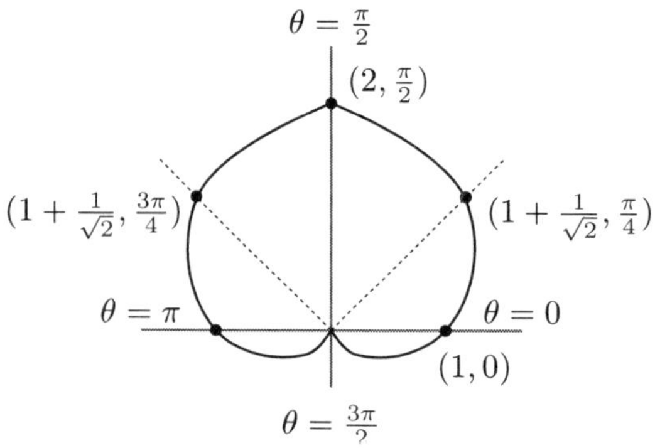

그림 6.4 $r = 1 + \sin\theta$

■ **매개변수 곡선의 기울기.** 어떤 입자가 평면 위의 곡선 C를 따라서 움직인다고 하자. 입자의 움직임의 경로 C는 함수 $y = f(x)$로 나타낼 수 없는 경우도 있다. 그림 6.5의 x_0에서 처럼 둘 이상의 점이 대응될 수도 있기 때문이다. 이 때 곡선 위의 점의 x, y 좌표를 시간 t를 변수로 갖는 함수 $x = f(t)$, $y = g(t)$를 이용하여 나타내면 편리할 것이다.

이렇게 x, y를 또 다른 변수(**매개변수**(parameter)) t를 이용하여

$$x = f(t), \quad y = g(t) \tag{6.4}$$

로 나타낸 것을 **매개변수 방정식**(parametric equation)이라고 한다. 식 (6.4)는 각각의 t에 대해 평면에서의 위치 $(x, y) = (f(t), g(t))$를 나타낸다. 매개변수의

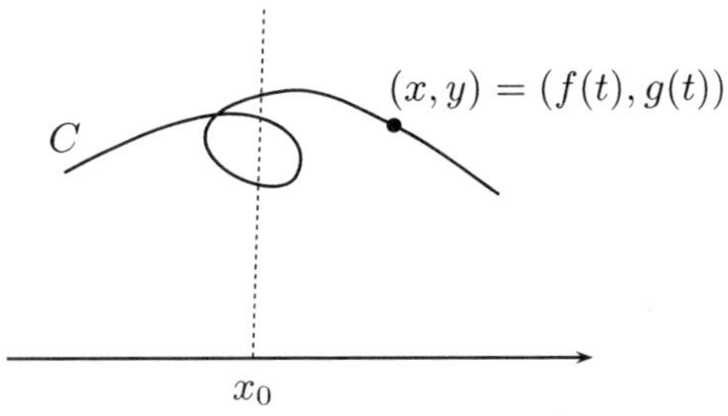

그림 6.5

변화에 따른 점 $(x, y) = (f(t), g(t))$의 궤적을 **매개변수 곡선**(parametric curve)라고 한다.

함수 f, g가 미분가능한 함수일 때 매개변수 곡선 위의 점 (x, y)에서의 접선의 기울기 $\frac{dy}{dx}$를 구해보자.

$$\frac{\Delta y}{\Delta x} = \frac{g(t+\Delta t) - g(t)}{f(t+\Delta t) - f(t)} = \frac{\frac{g(t+\Delta t)-g(t)}{\Delta t}}{\frac{f(t+\Delta t)-f(t)}{\Delta t}} \tag{6.5}$$

이다. f, g가 미분가능한 함수이고 $\Delta t \to 0$이면 $\Delta x \to 0$이므로 식 (6.5)로부터

$$\begin{aligned} \frac{dy}{dx} &= \lim_{\Delta t \to 0} \frac{\frac{g(t+\Delta t)-g(t)}{\Delta t}}{\frac{f(t+\Delta t)-f(t)}{\Delta t}} = \frac{g'(t)}{f'(t)} \\ &= \frac{dy/dt}{dx/dt}, \quad (f'(t) \neq 0, \ \frac{dx}{dt} \neq 0) \end{aligned} \tag{6.6}$$

를 얻는다.

극방정식 $r = f(\theta)$는 식 (6.2)에 따라 θ를 매개변수로 갖는 매개방정식

$$x = f(\theta)\cos\theta, \quad y = f(\theta)\sin\theta \tag{6.7}$$

로 나타낼 수 있으므로 극방정식의 그래프는 매개변수 곡선으로 생각할 수 있다.

따라서 극방정식의 접선의 기울기는

$$\frac{dy}{dx} = \frac{dy/d\theta}{dx/d\theta} = \frac{f'(\theta)\sin\theta + f(\theta)\cos\theta}{f'(\theta)\cos\theta - f(\theta)\sin\theta} \tag{6.8}$$

이다.

예제 4. 극방정식 $r = 1 - \cos\theta$의 그래프 위의 점 $(\frac{2-\sqrt{2}}{2}, \frac{\pi}{4})$에서 접선의 기울기를 구하여라.

(풀이) 식 (6.7)에서 와 같이 $r = 1 - \cos\theta$를 매개변수 방정식으로 바꾸면

$$x = (1-\cos\theta)\cos\theta, \quad y = (1-\cos\theta)\sin\theta = \sin\theta - \frac{1}{2}\sin 2\theta$$

이다. 또

$$\frac{dx}{d\theta} = -\sin\theta + 2\cos\theta\sin\theta, \quad \frac{dy}{d\theta} = \cos\theta - \cos 2\theta$$

이므로 점 $(\frac{2-\sqrt{2}}{2}, \frac{\pi}{4})$에서 접선의 기울기는

$$\frac{dy}{dx} = \frac{dy/d\theta}{dx/d\theta} = \left[\frac{\cos\theta - \cos 2\theta}{-\sin\theta + 2\cos\theta\sin\theta}\right]_{\theta=\frac{\pi}{4}} = \sqrt{2}+1$$

이다.

■ **극좌표계에서 적분.** 극방정식 $r = f(\theta)$로 주어진 곡선과 반직선 $\theta = \alpha$, $\theta = \beta$로 둘러싸인 부분의 넓이 A는 앞의 11절의 정적분과 비슷한 방법으로 구할 수 있다.

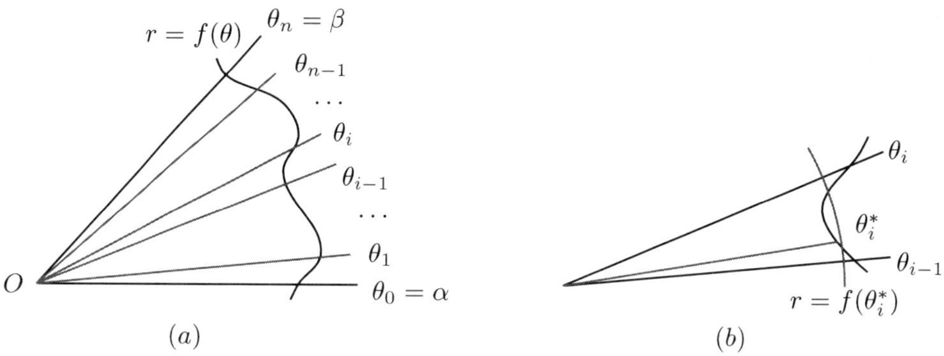

그림 6.6

f는 연속함수라고 하자. 먼저 구간 $[\alpha, \beta]$의 분할

$$\theta_0 = \alpha < \theta_1 < \theta_2 < \cdots < \theta_n = \beta$$

를 생각하자. 각각의 $i = 1, 2, \cdots, n$에 대해 $\theta_{i-1} \le \theta_i^* \le \theta_i$, $\Delta\theta_i = \theta_i - \theta_{i-1}$이라 하면 곡선 $r = f(\theta)$, $\theta = \theta_{i-1}$, $\theta = \theta_i$에 의해 결정되는 작은 부분의 넓이는 그림 6.6의 (b)에서 보는 것처럼 반지름이 $f(\theta_i^*)$, 중심각이 $\Delta\theta_i$인 부채꼴의 넓이와 비슷하므로 근사식

$$A \approx \sum_{i=1}^{n} \frac{1}{2}[f(\theta_i^*)]^2 \Delta\theta_i$$

를 얻을 수 있다. $\Delta\theta \to 0\,(\Delta\theta = \max_{1 \le i \le n} \Delta\theta_i)$이 되도록 세분을 계속하면

$$A = \lim_{n\to\infty} \sum_{i=1}^{n} \frac{1}{2}[f(\theta_i^*)]^2 \Delta\theta_i$$

이므로 정적분의 정의로부터 다음의 정리를 얻는다.

> **정리 6.1** $f(\theta)$가 구간 $[\alpha, \beta]$에서 연속일 때 극방정식으로 주어진 곡선 $r = f(\theta)$, 반직선 $\theta = \alpha$, $\theta = \beta$로 둘러싸인 부분의 넓이는
>
> $$A = \frac{1}{2}\int_{\alpha}^{\beta} [f(\theta)]^2 \, d\theta \tag{6.9}$$
>
> 이다.

예제 5. 곡선 $r = 1 + \sin\theta$로 둘러싸인 부분의 넓이를 구하여라.

(풀이) $f(\theta) = 1 + \sin\theta$라고 하면

$$\begin{aligned}[f(\theta)]^2 &= 1 + 2\sin\theta + \sin^2\theta = 1 + 2\sin\theta + \frac{1-\cos 2\theta}{2} \\ &= \frac{3}{2} + 2\sin\theta - \frac{\cos 2\theta}{2}\end{aligned}$$

이므로 면적은

$$A = \frac{1}{2}\int_0^{2\pi} [f(\theta)]^2 \, d\theta = \frac{1}{2}\left[\frac{3}{2}\theta - 2\cos\theta - \frac{1}{4}\sin 2\theta\right]_0^{2\pi} = \frac{3}{2}\pi$$

이다.

[연습문제 18]

1. 다음 극좌표로 주어진 점을 직교좌표로 나타내어라.

(a) $(2, \pi/2)$ (b) $(3, \pi/3)$ (c) $(4, \pi)$ (d) $(-2, \pi/4)$

2. 다음 극방정식을 직교방정식으로 나타내어라.

(a) $r = 3$ (b) $r = 1 - \cos\theta$ (c) $r = 3\sec\theta$ (d) $r^2 = \cos 2\theta$

3. 다음 극방정식으로 주어진 부분을 그려보아라.

(a) $r = \theta,\ \ 0 \le \theta \le \pi$ (b) $r = 1 - \cos\theta,\ \ \frac{\pi}{4} \le \theta \le \pi$

(c) $r = 1,\ \ 0 \le \theta \le 2\pi$ (d) $r = \cos\theta,\ \ 0 \le \theta \le 2\pi$

4. 주어진 두 극방정식의 그래프가 만나는 점을 구하여라.

(a) $r = 1 + \sin t,\ \ r = 3\sin t$ (b) $r = 2\sin 2t,\ r = 1$

(c) $r = \sin t,\ r = \sin 2t$ (d) $r = t,\ r = \pi$

5. 다음 매개변수 곡선의 주어진 점에서 접선의 방정식을 구하여라.

(a) $x = t^3 + 1,\ y = t^2\ \ (t = 1)$

(b) $x = t\sin t,\ y = t\cos t\ \ (t = \pi)$

(c) $x = 1 + \ln t,\ y = t^2 + 1;\ \ (1, 2)$

(d) $x = 1 + \sqrt{t},\ y = e^{t^2};\ \ (2, e)$

6. $f(t)$, $g(t)$가 두 번 미분가능한 함수일 때 식 (6.6)으로부터 다음이 성립함을 설명하여라.

$$\frac{d^2y}{dx^2} = \frac{d}{dx}\left(\frac{dy}{dx}\right) = \frac{\frac{d}{dt}\left(\frac{dy}{dx}\right)}{\frac{dx}{dt}} \tag{6.10}$$

7. 식 (6.10)를 이용하여 $\dfrac{d^2y}{dx^2}$를 구하여라.

(a) $x = t^2,\ y = t^3 - t$ (b) $x = \cos t,\ y = \cos 3t$

8. 다음 영역의 넓이를 구하여라.

(a) $r = \cos 2\theta\ (-\frac{\pi}{4} \le \theta \le \frac{\pi}{4})$

(b) $r = 1 + \sin\theta$의 외부이고 $r = 3\sin\theta$의 내부인 영역

9. $r = 1 + 2\cos\theta$ $(0 \le \theta \le 2\pi)$일 때

(a) 극방정식의 그래프를 그려보아라.

(b) $\theta = \frac{\pi}{2}$에서 접선의 방정식을 구하여라.

(c) 극방정식의 그래프로 둘러싸인 부분의 넓이를 구하여라.

19. 넓이와 부피

f가 구간 $[a,b]$에서 음의 값을 갖는 연속인 함수이면 $-f(x) \ge 0$이고 $\int_a^b [-f(x)]\,dx$는 구간 $[a,b]$에서 $y = -f(x)$와 x-축 사이의 넓이이다. 이는 구간 $[a,b]$에서 $y = f(x)$와 x-축 사이의 넓이와 같다.

■ **곡선 사이의 넓이.** f가 연속함수일 때 정적분 $\int_a^b |f(x)|\,dx$는 직선 $x = a$, $x = b$, x-축 그리고 곡선 $y = f(x)$에 의해 결정되는 부분의 넓이를 나타낸다. (그림 6.7(a)) 함수 f, g가 구간 $[a,b]$에서 연속일 때 곡선 $y = f(x)$, $y = g(x)$, 직선 $x = a$, $x = b$로 둘러싸인 부분의 넓이(그림 6.7(b))는 정적분

$$\int_a^b |f(x) - g(x)|\,dx \tag{6.11}$$

로 구할 수 있다.

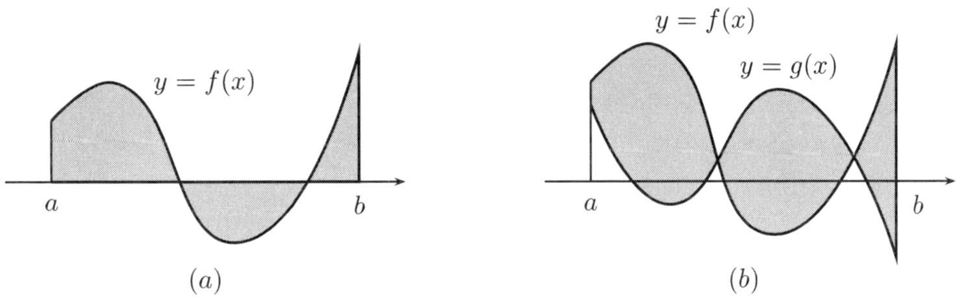

그림 6.7

예제 1. 곡선 $y=\cos x$, $y=\sin x$와 직선 $x=0$, $x=\pi$로 둘러싸인 부분의 넓이를 구하여라.

(풀이) 구간 $[0,\frac{\pi}{4}]$에서 $\cos x \geq \sin x$이고 구간 $[\frac{\pi}{4},\pi]$에서 $\sin x \geq \cos x$이므로 식 (6.11)로부터 넓이 A는

$$\begin{aligned} A &= \int_0^{\pi} |\cos x - \sin x|\, dx \\ &= \int_0^{\pi/4} (\cos x - \sin x)\, dx + \int_{\pi/4}^{\pi} (\sin x - \cos x)\, dx \\ &= (\sqrt{2}-1) + (1+\sqrt{2}) = 2\sqrt{2} \end{aligned}$$

이다.

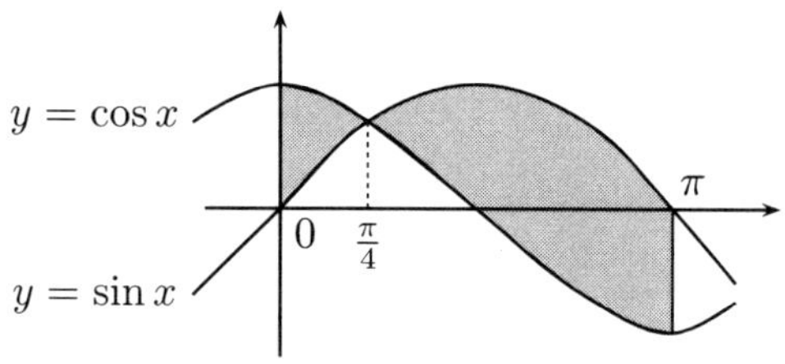

그림 6.8

곡선 사이의 넓이는 경계를 이루는 곡선의 형태에 따라 x 대신에 y를 적분변수로 선택하는 것이 편리할 수도 있다.

예제 2. 곡선 $y^2=2x+6$과 직선 $y=x-1$로 둘러싸인 부분의 넓이를 구하여라.

(풀이) 두 곡선은 두 점 $(-1,-2)$, $(5,4)$에서 만난다. 그림 6.9에서 보는 것처럼 x를 적분변수로 택하면 적분구간을 $[-3,-1]$, $[-1,5]$ 둘로 나누어 적분해야 하지만 y를 적분변수로 택하면 하나의 구간 $[-2,4]$에서 적분하면 충분하다. 구하려는 넓이 A는

$$\begin{aligned} A &= \int_{-2}^{4} \left[(y+1) - (\frac{1}{2}y^2 - 3)\right] dy = \int_{-2}^{4} \left(-\frac{1}{2}y^2 + y + 4\right) dy \\ &= \left[-\frac{y^3}{6} + \frac{y^2}{2} + 4y\right]_{-2}^{4} = 18 \end{aligned}$$

이다.

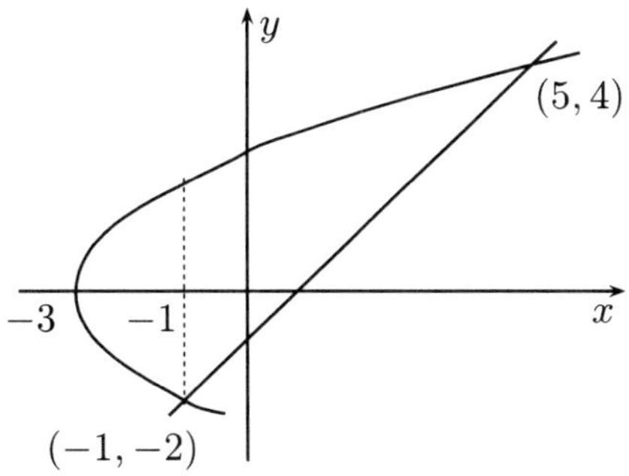

그림 6.9

■ **부피의 계산**. 입체 S가 $x = a$, $x = b$ 사이에 놓여있다. 점 $x \in [a, b]$에서 입체 S의 x-축과 수직한 단면의 넓이를 $A(x)$라 하자. 단면의 넓이를 나타내는 함수 $A(x)$가 연속이고 $P = \{x_0 = a,\ x_1,\ x_2, \cdots, x_n = b\}$를 구간 $[a, b]$의 분할이라고 하면

$$\sum_{i=1}^{n} A(x_i^*)\Delta x_i, \quad x_i^* \in [x_{i-1}, x_i] \tag{6.12}$$

는 입체 S의 부피의 근삿값으로 구간 $[a, b]$를 세분할수록 합 (6.12)는 S의 정확한 부피에 가깝게 된다. 이 사실로부터 적분을 이용하여 입체의 부피를 구할 수 있다.

> **정리 6.2** $x \in [a, b]$에서 입체 S의 x-축과 수직인 단면의 넓이를 $A(x)$라 하자. $A(x)$가 연속이면 S의 부피는
>
> $$V(S) = \lim_{n\to\infty} \sum_{i=1}^{n} A(x_i^*)\Delta x_i = \int_a^b A(x)\,dx \tag{6.13}$$
>
> 이다. 여기서 $x_i^* \in [x_{i-1}, x_i]$이다.

예제 3. 식 (6.13)을 이용하여 밑면의 반지름이 3, 높이가 6인 원뿔의 부피를 구하여라.

(풀이) 그림 6.10에서와 같이 원뿔의 중심축을 x-축과 일치시키면 $x \in$

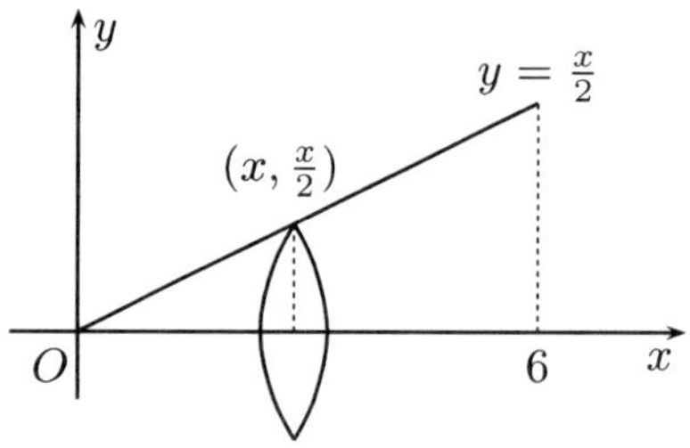

그림 6.10

$[0,6]$에서 x-축에 수직인 단면의 넓이는

$$A(x) = \pi\left(\frac{x}{2}\right)^2$$

이므로 식 (6.13)에 의해 원뿔의 부피는

$$V = \int_0^6 \frac{\pi}{4}x^2\,dx = 18\pi$$

이다.

예제 4. 식 (6.13)을 이용하여 반지름이 3인 구의 부피를 구하여라.

(풀이) 구의 중심을 원점에 일치시키면 점 $x \in [0,3]$에서 단면적은

$$A(x) = \pi(\sqrt{3^2 - x^2})^2 = \pi(9 - x^2)$$

이다. 구의 대칭성에 의해 부피는

$$\begin{aligned} V &= 2\int_0^3 A(x)\,dx = 2\int_0^3 \pi\,(9 - x^2)\,dx = 2\pi\left[9x - \frac{1}{3}x^3\right]_0^3 \\ &= 36\pi \end{aligned}$$

이다.

■ **회전체의 부피.** f가 구간 $[a,b]$에서 양의 값을 갖는 연속인 함수일 때 곡선 $y = f(x)$를 x-축을 중심으로 한바퀴 회전시켜 얻은 입체를 **회전체**(revolution)

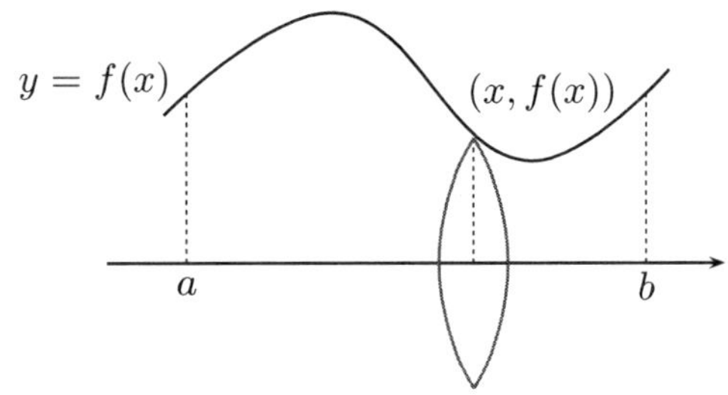

그림 6.11

라고 한다. 그림 6.11에서 보는 것처럼 $x \in [a, b]$에서 회전체의 단면은 반지름이 $f(x)$인 원판으로 단면적은 $A(x) = \pi[f(x)]^2$이다. 그러므로 식 (6.13)으로부터 다음의 정리를 얻는다.

정리 6.3 f가 구간 $[a, b]$에서 연속인 함수일 때 구간 $[a, b]$에서 곡선 $y = f(x)$를 x-축을 중심으로 회전하여 얻은 회전체의 부피는

$$V = \pi \int_a^b [f(x)]^2 \, dx \tag{6.14}$$

이다.

두 곡선 $y = f(x)$, $y = -f(x)$를 회전시켜 얻은 회전체는 같은 입체이다. 그러므로 정리 6.3은 함수 f가 양의 값을 갖지 않을 때에도 성립한다.

예제 5. 구간 $[0, 4]$에서 곡선 $y = \sqrt{x}$를 x-축을 중심으로 회전시켜 얻은 회전체의 부피는

$$V = \pi \int_0^4 (\sqrt{x})^2 \, dx = 8\pi$$

이다.

정리 6.3에서와 같은 이유에서 구간 $[c, d]$에서 연속인 함수 $x = g(y)$를 y-축을 중심으로 회전시켜 얻은 회전체의 부피는

$$V = \pi \int_c^d [g(y)]^2 \, dy \tag{6.15}$$

이다.

예제 6. 곡선 $y = x^2$과 $y = 9$로 둘러싸인 부분을(그림 6. 12(a)) y-축을 중심으로 회전시켜 얻은 입체의 부피는 식 (6.15)에 의해

$$V = \pi \int_0^9 (\sqrt{y})^2\, dy = \int_0^9 y\, dy = \frac{81}{2}\pi$$

이다.

예제 7. 곡선 $\sqrt{x} + \sqrt{y} = 1$과 직선 $x + y = 1$로 둘러싸인 부분을 x-축을 중심으로 회전시켜 얻은 회전체의 부피를 구하여라.

(풀이) 그림 6.12의 (b)에서 보는 것처럼 구하려는 회전체의 부피는 구간 $[0, 1]$에서 곡선 $y = 1 - x$와 $y = (1 - \sqrt{x})^2$을 x-축을 중심으로 회전시켜 얻은 두 회전체의 부피의 차이다.

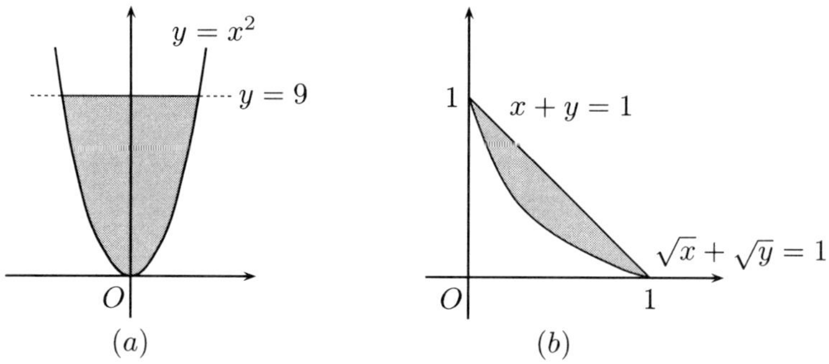

그림 6.12

그러므로 회전체의 부피는

$$\begin{aligned} V &= \pi \int_0^1 (1 - x)^2\, dx - \pi \int_0^1 (1 - \sqrt{x})^4\, dx \\ &= \pi \int_0^1 (4\sqrt{x} - 8x + 4x\sqrt{x})\, dx \\ &= \frac{4}{15}\pi \end{aligned}$$

이다.

■ **원통각법**. 구간 $[a,b]$에서 곡선 $y=f(x)$를 y-축을 중심으로 회전시켜 얻은 입체의 부피를 식 (6.15)로 구하는 것이 불편할 때가 있다. 이 경우 두께가 얇은 원통들의 부피의 합으로부터 입체의 부피를 구할 수 있다. 이 방법을 **원통각법**(mathod of cylinderical shells)이라고 한다.

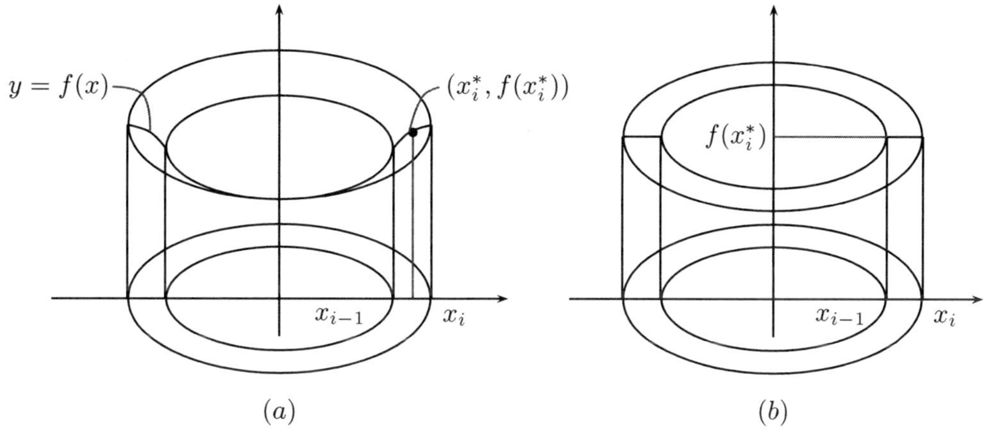

그림 6.13

f가 연속함수이고, $P=\{x_0, x_1, x_2, \cdots, x_n\}$을 구간 $[a,b]$의 분할이라고 하자. 작은 구간 $[x_{i-1}, x_i]$에서 곡선 $y=f(x)$를 y-축을 중심으로 회전시켜 얻은 입체의 부피는 반지름이 x_i, x_{i-1}인 두 원통의 부피의 차

$$\begin{aligned}\pi(x_i)^2 f(x_i^*) - \pi(x_{i-1})^2 f(x_i^*) &= \pi(x_i + x_{i-1})(x_i - x_{i-1}) f(x_i^*) \\ &= 2\pi \frac{x_i + x_{i-1}}{2} f(x_i^*) \Delta x_i \quad (x_i^* \in [x_{i-1}, x_i])\end{aligned} \tag{6.16}$$

와 가까운 값이다. 위 식 (6.16)에서 $x_i^* = \frac{x_i + x_{i-1}}{2}$로 택하자. 회전체의 부피 V는 분할에 의한 두께가 얇은 원통들의 부피의 합

$$\sum_{i=1}^{n} 2\pi x_i^* f(x_i^*)\, \Delta x_i$$

과 비슷한 값을 갖는다. 또 분할점들의 간격이 모두 0에 가깝게 세분을 계속하면

$$V = \lim_{n\to\infty} \sum_{i=1}^{n} 2\pi x_i^* f(x_i^*)\, \Delta x_i \tag{6.17}$$

이다. 식 (6.17)로부터 다음의 정리를 얻는다.

정리 6.4 f가 구간 $[a,b]$에서 양의 값을 갖는 연속인 함수일 때 구간 $[a,b]$에서 곡선 $y=f(x)$를 y-축을 중심으로 회전하여 얻은 회전체의 부피는

$$V = 2\pi \int_a^b x[f(x)]\,dx \tag{6.18}$$

이다.

예제 8. 원통각법을 이용하여 $\sqrt{x}+\sqrt{y}=1$, $x+y=1$로 둘러싸인 부분을 y-축을 중심으로 회전시켜 얻은 회전체의 부피를 구하여라.

(풀이) 두 곡선은 점 $(0,1)$, 점 $(1,0)$에서 만난다. 회전체의 부피는

$$\begin{aligned} V &= 2\pi \int_0^1 x(1-x)\,dx - 2\pi \int_0^1 x(1-\sqrt{x})^2\,dx = \frac{\pi}{3} - \frac{\pi}{15} \\ &= \frac{4}{15}\pi \end{aligned}$$

이다. (앞의 예제 7과 비교하여라.)

[연습문제 19]

1. 곡선 $y=x^3$과 직선 $x=-1$, $x=1$, x-축으로 둘러싸인 부분의 넓이를 구하여라.

2. 곡선 $y=\sqrt{x}$, $y=x^2$으로 둘러싸인 부분의 넓이를 구하여라.

3. 곡선 $x=y^2-4$, $y=x-2$로 둘러싸인 부분의 넓이를 구하여라.

4. 부피가 다음과 같은 입체는 무엇인지 구하여라.

(a) $\displaystyle\int_0^2 \pi x^2\,dx$ (b) $\displaystyle\int_0^\pi \pi \sin x\,dx$ (c) $\displaystyle\int_0^3 \pi y\,dy$

5. 식 (6.14)를 이용하여 밑면은 한변의 길이가 a인 정삼각형이고 높이가 h인 사면체의 부피를 구하여라.

6. 주어진 곡선으로 둘러싸인 부분을 x-축을 중심으로 회전시켜 얻은 입체의 부피를 구하여라.

(a) $y=x^2$, $y=x+2$ (b) $y=\cos x$, $y=x+1$, $x=\frac{\pi}{2}$

7. 주어진 곡선으로 둘러싸인 부분을 y-축을 중심으로 회전시켜 얻은 입체의 부피를 구하여라.

(a) $y = \sqrt{x},\ y = x^3$ (b) $y = x,\ y = 2x,\ x = 4$

(c) $y = x^2,\ y = 2x$ (d) $x^2 + y^2 \le r^2$과 $(x - r)^2 + y^2 \le r^2$의 공통부분

8. 주어진 곡선으로 둘러싸인 부분을 y-축을 중심으로 회전시켜 얻은 입체의 부피를 원통각법으로 구하여라.

(a) $y = 2x^2 - x^3,\ y = 0$ (b) $y = x,\ y = x^2$

20. 곡선의 길이와 회전체의 겉넓이

앞에서 살펴본 넓이와 부피 외에도 적분은 곡선의 길이, 입체의 겉넓이를 구하는 것과 같은 문제에도 응용할 수 있다.

■ **곡선의 길이.** 구간 $[a, b]$에서 곡선 $y = f(x)$의 길이를 적분을 이용하여 구할 수 있다. f가 연속인 도함수를 갖는다고 가정하자. 적분을 이용하기 위해 먼저

$$x_0 = a < x_1 < x_2 < \cdots < x_n = b$$

를 구간 $[a, b]$의 분할이라고 하자. 분할의 간격이 좁으면, 다시 말해 $\Delta x_i = x_i - x_{i-1}$이 작으면 곡선 위의 점 $P_{i-1} = (x_{i-1}, f(x_{i-1}))$에서 $P_i = (x_i, f(x_i))$까지 곡선의 길이는 선분 $P_{i-1}P_i$의 길이와 비슷하다. 선분 $P_{i-1}P_i$의 길이는

$$\begin{aligned}\overline{P_{i-1}P_i} &= \sqrt{(x_i - x_{i-1})^2 + [f(x_i) - f(x_{i-1})]^2} \\ &= \sqrt{(x_i - x_{i-1})^2 + [(x_i - x_{i-1})f'(c_i)]^2} \qquad (6.19) \\ &= \sqrt{1 + [f'(c_i)]^2}\,\Delta x_i \quad (i = 1, 2, \cdots, n) \qquad (6.20)\end{aligned}$$

이다. 식 (6.19)에서 $c_i \in (x_{i-1}, x_i)$는 구간 $[x_{i-1}, x_i]$에서 f가 평균값 정리를 만족하는 값이다.

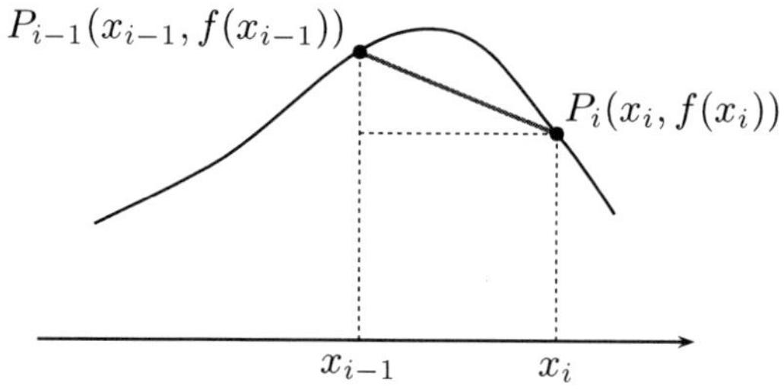

그림 6.14

식 (6.20)로부터 곡선의 길이 L의 근사식

$$L \approx \sum_{i=1}^{n} \sqrt{1+[f'(c_i)]^2}\,\Delta x_i, \quad L = \lim_{n\to\infty} \sum_{i=1}^{n} \sqrt{1+[f'(c_i)]^2}\,\Delta x_i \tag{6.21}$$

를 얻는다. 위의 식 (6.21)과 정적분의 정의로부터 곡선의 길이는 다음과 구할 수 있다.

정리 6.5 f'이 구간 $[a,b]$에서 연속일 때 구간 $[a,b]$에서 곡선 $y = f(x)$의 길이는

$$L = \int_a^b \sqrt{1+[f'(x)]^2}\; dx = \int_a^b \sqrt{1+\left(\frac{dy}{dx}\right)^2}\, dx \tag{6.22}$$

이다.

예제 1. 구간 $[0,3]$에서 곡선 $y = \frac{2}{3}x\sqrt{x}$의 길이를 구하여라.

(풀이) $y' = \sqrt{x}$는 구간 $[0,3]$에서 연속이다. 식 (6.22)에 의해 곡선의 길이는

$$L = \int_0^3 \sqrt{1+\left(\frac{dy}{dx}\right)^2}\, dx = \int_0^3 \sqrt{1+x}\, dx = \left[\frac{2}{3}(1+x)^{3/2}\right]_0^3$$
$$= \frac{14}{3}$$

이다.

■ **매개변수 곡선의 길이**. 만약 정리 6.5의 곡선 $y = f(x)$를 매개방정식

$$x = \alpha(t), \quad y = \beta(t), \quad t_0 \le t \le t_1$$

으로 나타낼 수 있고, $\alpha'(t)$, $\beta'(t)$가 존재하고 $\alpha(t) = \frac{dx}{dt} > 0$이면 곡선의 길이는

$$\begin{aligned} L &= \int_a^b \sqrt{1 + \left(\frac{dy}{dx}\right)^2}\, dx = \int_{t_0}^{t_1} \sqrt{1 + \left(\frac{dy/dt}{dx/dt}\right)^2}\, \frac{dx}{dt}\, dt \\ &= \int_{t_0}^{t_1} \sqrt{\left(\frac{dx}{dt}\right)^2 + \left(\frac{dy}{dt}\right)^2}\, dt \end{aligned} \tag{6.23}$$

와 같이 구할 수 있다.

> **정리 6.6** C가 매개방정식 $x = \alpha(t)$, $y = \beta(t)$ $(t_0 \le t \le t_1)$로 나타낼 수 있는 곡선이라 하자. α', β'가 연속이고, $\alpha'(t) > 0$이면 곡선 C의 길이는
>
> $$L = \int_{t_0}^{t_1} \sqrt{\left(\frac{dx}{dt}\right)^2 + \left(\frac{dy}{dt}\right)^2}\, dt \tag{6.24}$$
>
> 이다.

예제 2. 매개방정식 $x = \sin t$, $y = \cos t$ $(0 \le t \le 2\pi)$로 주어진 곡선의 길이는

$$L = \int_0^{2\pi} \sqrt{\left(\frac{dx}{dt}\right)^2 + \left(\frac{dy}{dt}\right)^2}\, dt = \int_0^{2\pi} \sqrt{(\cos t)^2 + (-\sin t)^2}\, dt = 2\pi$$

이다. 매개방정식 $x = \sin t$, $y = \cos t$는 원점을 중심으로 하는 반지름 1인 원이다.

곡선 C가 극방정식 $r = f(\theta)$ $(\alpha \le \theta \le \beta)$로 주어졌다면 C는 매개방정식

$$x = f(\theta)\cos\theta, \quad y = f(\theta)\sin\theta \quad (\alpha \le \theta \le \beta)$$

로 나타낼 수 있다. 또

$$\frac{dx}{d\theta} = f'(\theta)\cos\theta - f(\theta)\sin\theta, \quad \frac{dy}{d\theta} = f'(\theta)\sin\theta + f(\theta)\cos\theta$$

로부터

$$\left(\frac{dx}{d\theta}\right)^2+\left(\frac{dy}{d\theta}\right)^2=[f'(\theta)]^2+[f(\theta)]^2=\left(\frac{dr}{d\theta}\right)^2+r^2$$

를 얻을 수 있다. 그러므로 극방정식 $r=f(\theta)$로 주어진 곡선 C의 길이는 식 (6.24)에 의해 적분

$$L=\int_\alpha^\beta\sqrt{\left(\frac{dr}{d\theta}\right)^2+r^2}\,d\theta \tag{6.25}$$

로 구할 수 있다.

예제 3. 극방정식 $r=1+\cos\theta$로 주어진 곡선이 길이를 구하여라.

(풀이) 곡선의 대칭성을 고려하여 $\theta=0$에서 $\theta=\pi$까지의 길이를 구하여 2배하면 된다.

$$\begin{aligned}\left(\frac{dr}{d\theta}\right)^2+r^2&=((1+\cos\theta)')^2+(1+\cos\theta)^2\\&=(-\sin\theta)^2+(1+2\cos\theta+\cos^2\theta)\\&=2(1+\cos\theta)=4\cos^2\frac{\theta}{2}\end{aligned}$$

이므로 곡선의 길이는

$$L=2\int_0^\pi\sqrt{\left(\frac{dr}{d\theta}\right)^2+r^2}\,d\theta=2\int_0^\pi 2\cos\frac{\theta}{2}\,d\theta=8$$

이다.

■ **회전체의 겉넓이.** 앞의 그림 6.14에서 P_{i-1}, P_i를 잇는 곡선을 x-축을 중심으로 회전시킨 입체의 표면적은 P_{i-1}, P_i를 잇는 선분을 x-축을 중심으로 회전시킨 입체의 겉넓이

$$\pi(f(x_{i-1})+f(x_i))[(x_i-x_{i-1})^2+(f(x_i)-f(x_{i-1})^2]^{\frac{1}{2}} \tag{6.26}$$

과 비슷한 값을 갖는다. $c_i\in(x_{i-1},x_i)$를 평균값 정리

$$f(x_i)-f(x_{i-1})=f'(c_i)(x_i-x_{i-1})$$

를 만족하는 점이라고 하면 식 (6.26)은

$$\begin{aligned}
&\pi[f(x_{i-1})+f(x_i)]\,[(x_i-x_{i-1})^2+(f(x_i)-f(x_{i-1}))^2]^{\frac{1}{2}}\\
&=\pi[f(x_{i-1})+f(x_i)]\,[(x_i-x_{i-1})^2+(x_i-x_{i-1})^2[f'(c_i)]^2]^{\frac{1}{2}}\\
&=\pi[f(x_{i-1})+f(x_i)]\,[1+[f'(c_i)]^2]^{\frac{1}{2}}(x_i-x_{i-1})\\
&=\pi f(x_{i-1})\sqrt{1+[f'(c_i)]^2}\,\Delta x_i+\pi f(x_i)\sqrt{1+[f'(c_i)]^2}\,\Delta x_i
\end{aligned}$$

이다. 그러므로 회전체의 겉넓이 S는 분할의 간격을 작게 하면

$$S\approx\sum_{i=1}^{n}\pi f(x_{i-1})\sqrt{1+[f'(c_i)]^2}\Delta x_i+\sum_{i=1}^{n}\pi f(x_i)\sqrt{1+[f'(c_i)]^2}\Delta x_i$$

이다. 이 사실로부터 다음의 정리를 얻는다.

> 정리 **6.7** f가 구간 $[a,b]$에서 양의 값을 갖고 f'이 연속일 때 구간 $[a,b]$에서 곡선 $y=f(x)$를 x-축을 중심으로 회전시켜 얻은 회전체의 겉넓이는
>
> $$S=2\pi\int_a^b f(x)\sqrt{1+[f'(x)]^2}\,dx=2\pi\int_a^b y\sqrt{1+\left(\frac{dy}{dx}\right)^2}\,dx \quad (6.27)$$
>
> 이다.

예제 4. 곡선 $y=\sqrt{1-x^2}$을 $-1\le x\le 1$에서 x-축을 중심으로 회전시켜 얻은 회전체의 겉넓이를 구하여라.

(풀이) $\frac{dy}{dx}=-\frac{x}{\sqrt{1-x^2}}$이므로 식 (6.27)에 의해 겉넓이 S는

$$\begin{aligned}
S&=2\pi\int_{-1}^{1}\sqrt{1-x^2}\sqrt{1+\frac{x^2}{1-x^2}}\,dx=2\pi\int_{-1}^{1}dx\\
&=4\pi
\end{aligned}$$

이다. 이 회전체는 반지름이 1인 구이다.

정리 6.7에서 곡선이 매개방정식 $x=f(t),\ y=g(t),\ a\le t\le b$로 주어졌다면 회전체의 겉넓이는 적분

$$S=2\pi\int_a^b y\sqrt{\left(\frac{dx}{dt}\right)^2+\left(\frac{dy}{dt}\right)^2}\,dt=2\pi\int_a^b g(t)\sqrt{[f'(t)]^2+[g'(t)]^2}\,dt \quad (6.28)$$

로 구할 수 있다.

예제 5. 매개방정식 $x = \cos^3 t,\ y = \sin^3 t,\ (0 \le t \le \frac{\pi}{2})$로 주어진 곡선을 x-축을 중심으로 회전시켜 얻은 회전체의 겉넓이를 구하여라.

(풀이) 식 (6.28)에 의해 겉넓이는

$$\begin{aligned} S &= 2\pi \int_0^{\pi/2} \sin^3 t \sqrt{9\cos^4 t\, \sin^2 t + 9\sin^4 t\, \cos^2 t}\, dt \\ &= 2\pi \int_0^{\pi/2} \sin^3 t \sqrt{9\cos^2 t \sin^2 t\, (\cos^2 t + \sin^2 t)}\, dt \\ &= 2\pi \int_0^{\pi/2} \sin^3 t (3\cos t\, \sin t)\, dt \\ &= 6\pi \int_0^{\pi/2} \sin^4 t\, \cos t\, dt = \frac{6}{5}\pi \end{aligned}$$

이다.

[연습문제 20]

1. 다음 곡선의 길이를 구하여라.

(a) $y = \frac{1}{3}\sqrt{x}(x-3)\quad (1 \le x \le 9)$ (b) $y = x\sqrt{x}\quad (1 \le x \le 4)$

(c) $y = \frac{2}{3}(x-1)^{3/2}\quad (1 \le x \le 4)$ (d) $y = x^2 - \frac{1}{8}\ln x\quad (1 \le x \le 3)$

(e) $y = \ln(\sin x)\quad (\pi/3 \le x \le \pi/2)$ (f) $y = \ln(\sec x)\quad (-\pi/4 \le x \le \pi/4)$

2. 다음 곡선의 길이를 구하여라.

(a) $x = t^3 - 3t,\ y = 3t^2\quad (0 \le t \le 1)$ (b) $r = 2\sin^3 \frac{1}{3}\theta$의 전체길이

3. 다음 곡선을 x-축을 중심으로 회전시켜 얻은 입체의 겉넓이를 구하여라.

(a) $y = \sqrt{x}\quad (0 \le x \le 1)$ (b) $y^3 = 3x\quad (0 \le x \le 9)$

4. 매개변수 곡선 $x = \frac{1}{4}(t^2 - 2\ln t),\ y = t\ (1 \le t \le 2)$를 x-축을 중심으로 회전시켜 얻은 입체의 겉넓이를 구하여라.

[6장 연습문제]

1. 다음 직교방정식을 극방정식으로 나타내어라.

(a) $y = 0$ (b) $x = 4$ (c) $xy = 1$ (d) $y = x^2$

2. 다음 극방정식을 직교방정식으로 나타내어라.

(a) $r = -3\cos\theta$ (b) $r = 1 - \cos 2\theta$ (c) $\theta = \frac{\pi}{4}$ (d) $r^2 \sin 2\theta = 2$

3. 다음 두 곡선의 교각을 구하여라.

(a) $r = 6\cos\theta,\ r = 2(1 + \cos\theta)$ (b) $r = 2\cos\theta,\ r = \sec^2 \frac{\theta}{2}$

4. 주어진 곡선으로 둘러싸인 부분의 넓이를 구하여라.

(a) $y = x^4 - 2x^2,\ y = 2x^2$ (b) $\sqrt{x} + \sqrt{y} = 1,\ x = 0,\ y = 0$

(c) $r = 2\cos\theta$ (d) $r = 3 - \cos\theta$

5. 다음 곡선에 의해 둘러싸인 부분을 x-축을 중심으로 회전시켜 얻은 회전체의 부피를 구하여라.

(a) $y = \sqrt{4 - x^2},\ x = 0,\ y = 0$ (b) $y = \sec x,\ x = 0,\ x = \frac{\pi}{4},\ y = 0$

6. 다음 곡선에 의해 둘러싸인 부분을 y-축을 중심으로 회전시켜 얻은 회전체의 부피를 구하여라.

(a) $y = 2x^2 - x^3,\ y = 0$ (b) $y = x,\ y = x^2$

7. $y = x - x^2,\ y = 0$로 둘러싸인 부분을 직선 $x = 2$를 중심으로 회전시켜 얻은 입체의 부피를 구하여라.

8. 다음 곡선의 길이를 구하여라.

(a) $y = \dfrac{x^3}{6} + \dfrac{1}{2x}\ (1 \le x \le 3)$

(b) $x = \ln y\ \ (3/4 \le y \le 4/3)$

(c) $8x^2y - 2x^6 = 1$ 점 $(1, 3/8)$에서 점 $(2, 199/32)$까지

(d) $y^3 = 8x^2$ 점 $(1, 2)$에서 점 $(8, 8)$까지

9. 다음 회전체의 겉넓이를 구하여라.

(a) $0 \le x \le \pi$에서 $y = \sin x$를 x-축 중심으로 회전

(b) $0 \le t \le 1$에서 $x = 3(t-2),\ y = 8t\sqrt{t}$를 y-축 중심으로 회전

10. 심장형(cardioid)곡선 $r = 2(1-\cos\theta)$ $(0 \le \theta \le 2\pi)$에 대해 다음을 구하여라.

(a) 곡선의 개형

(b) 접선이 극축과 수직인 점

(c) 내부 면적

(d) 곡선의 길이

11. 원이 직선을 따라 앞으로 굴러갈 때 원주 위의 고정된 한 점이 그리는 궤적을 싸이클로이드(cycloid)라고 한다. 반지름이 r인 원을 굴려 얻은 그림 6.15의 싸이클로드 곡선을 보고 다음에 답하여라.

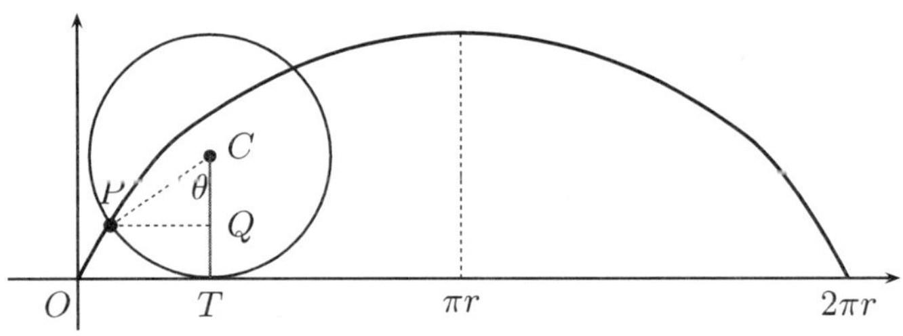

그림 6.15

(a) 싸이클로이드 곡선을 매개방정식

$$x = r(\theta - \sin\theta), \quad y = r(1-\cos\theta) \tag{6.29}$$

로 나타낼 수 있음을 설명하여라.

(b) $\theta = \frac{5\pi}{4}$인 점에서 접선의 방정식을 구하여라.

(c) $0 \le \theta \le 2\pi$일 때 싸이클로이드의 길이를 구하여라.

(d) $0 \le \theta \le 2\pi$에서 싸이클로이드를 x-축을 중심으로 회전시켜 얻은 회전체의 겉넓이를 구하여라.

7

미분방정식

21. 미분방정식과 수학적 모델링
22. 변수분리형 미분방정식
23. 선형미분방정식
24. 미분방정식의 수치해

물리학의 많은 법칙은 미분방정식으로 표현되고 이공학적 또는 사회적 현상을 수리적으로 모델링하는 과정에서 미분방정식은 주된 역할을 한다. 이 장에서는 미분방정식을 이용한 수학적 모델링의 몇 가지 예를 살펴보고, 간단한 미분방정식의 해법에 대해 알아본다. 미분방정식의 해를 찾기 위해서는 보통 적분이 필요하지만 때로는 수치해석적인 접근으로 요구되는 정확도를 갖는 해를 찾을 수 있다.

21. 미분방정식과 수학적 모델링

미지의 변수를 포함하는 등식을 방정식이라고 한다. 미분방정식은 미지의 함수의 미분을 포함하는 등식이다.

■ **미분방정식**. 하나의 변수 x를 독립변수로 갖는 미지의 함수 $y = y(x)$의 도함수 $y', y'', \cdots, y^{(n)}$을 포함하는 방정식을 **상미분방정식**(ODE, ordinary differential equation)이라고 한다. 반면 둘 이상의 독립변수에 대한 편도함수를 포함하는 방정식을 **편미분방정식**(PDE, partial differential equation)이라고 한다.

예제 1. (i) 방정식

$$\frac{dy}{dx} - 3y = 0, \quad \frac{d^2y}{dx^2} - 2\frac{dy}{dx} + y = 0$$

는 하나의 독립변수 x에 관한 미지의 함수 y의 도함수를 포함하는 상미분방정식이다.

(ii) 방정식

$$\frac{\partial^2 u}{\partial x^2} + \frac{\partial^2 u}{\partial y^2} = 0$$

는 x, y를 독립변수로 갖는 미지의 함수 u의 편도함수를 포함하는 편미분방정식이다.

여기서는 상미분방정식만을 다루고 특별한 경우가 아니면 상미분방정식을 미분방정식으로 부르기로 한다. 미분방정식에 포함된 미지의 함수 y의 도함수 가운데 $y^{(n)}$이 최고계 도함수이면 이 미분방정식을 **n-계 미분방정식**(n-th order differential equation)이라고 한다. 위의 예제 1의 $\frac{dy}{dx} - 3y = 0$은 일계 미분방정식, $\frac{d^2y}{dx^2} - 2\frac{dy}{dx} + y = 0$은 이계 미분방정식이다.

이 책에서는 가장 간단한 형태의 미분방정식인 일계 미분방정식과 그의 해를 구하는 방법에 대해 알아본다. 함수 $y = \phi(x)$가 구간 (a, b)에서 주어진 일계 미분방정식의 해(solution)라는 것은 ϕ가 구간 (a, b)에서 정의된 미분가능한 함수이고, 미분방정식에 y, y' 대신에 $\phi(x), \phi'(x)$를 대입하면 주어진 방정식이 성립할 때를 말한다.

예제 2. $y = e^{3x}$는 구간 $(-\infty, \infty)$에서 정의된 미분가능한 함수이고

$$\frac{dy}{dx} - 3y = 3e^{3x} - 3e^{3x} = 0$$

이므로 $y = e^{3x}$는 구간 $(-\infty, \infty)$에서 미분방정식 $\frac{dy}{dx} - 3y = 0$을 만족하는 한 해이다.

■ **수학적 모델링**. 어떤 상품의 수요와 공급, 낙하하는 물체의 속도, 한 집단의 개체수의 증가, 배기가스 절감, 출생한 사람의 기대수명, 감염병의 확산과 같은 현실 세계의 현상 또는 문제를 함수와 방정식 등을 이용하여 수학적으로 표현하는 것을 **수학적 모델링**(mathematical modeling)이라고 한다. 어떤 현상을 수학적 모델로 만드는 것은 그 현상을 보다 정확하게 이해하고 이를 통해서 이 현상이 미래에 어떠한 형태로 변화할 것인가를 예측하기 위해서이다.

어떤 현상을 수학적으로 모델링하기 위해서는 많은 자료를 수집해야 한다. 자료는 관찰, 실험, 인테넷 등을 이용하여 모을 수 있다. 모아진 자료로부터 특정한 변화의 패턴을 찾아 이를 수학적인 방법으로 나타낸다. 패턴을 찾는 과정에서는 필요에 따라 데이터를 표 또는 그래프로 만들어 정리하는 것이 필요하다. 이 과정에서 독립적인 변화와 종속적인 움직임을 구별하고 이들 변수에 적절한 이름을 붙이는 것은 함수를 만들고 방정식을 세우는 수학적 모델링의 출발점이다. 잘 알려진 몇 가지 간단한 수학적 모델의 예를 살펴보자.

A. 인구 증가 모델. 적절한 환경, 충분한 영양, 질병에 대한 면역력 등 번식에 필요한 이상적인 조건이 주어진 상태에서 박테리아의 개체수는 개체의 수에 비례하여 증가하는 것으로 알려졌다.

현재의 개체수에서 일정한 시간이 경과했을 때의 개체수를 예측할 수 있는 모델을 만들기 위해 시간을 변수 t로, 시간 t에서의 개체의 수를 $P(t)$로 나타내자. t는 독립변수이고, P는 종속변수이다. 개체수의 증가율은 미분 $\frac{dP}{dt}$로 나타낼 수 있다. 또 개체의 증가율은 개체의 수에 비례하는 것으로 가정하였기 때문에 이 관계를 방정식

$$\frac{dP}{dt} = kP \tag{7.1}$$

으로 나타낼 수 있다. 여기서 k는 비례상수이다. 위의 식 (7.1)은 독립변수 t에 관한 종속변수(미지의 변수) P의 미분 $\frac{dP}{dt}$를 포함하는 미분방정식이다. 식 (7.1)을 **인구 증가 모델**(model of population growth)이라고 한다.

인구 증가 모델에서 비례상수 k가 양의 값을 갖는 것으로 가정한다. 그러면 $kP > 0$이므로 개체의 수는 항상 증가하며 개체의 수가 많을수록 증가 속도는 빨라진다.

$P(t) = e^{kt+C}$ (C는 상수)라고 하면

$$\frac{dP}{dt} = ke^{kt+C} = kP(t)$$

이므로 $P(t) = e^{kt+C}$는 인구 증가 모델을 나타내는 미분방정식 (7.1)의 해이다. 이것은 개체의 수가 매우 빠른 속도로 증가함을 말한다.

B. 방사성 물질의 붕괴도 미분방정식 (7.1)에 따른다. 방사능 물질의 감소율은 방사능 물질의 양에 비례한다. 시간 t에서 방사능 물질의 양 $A(t)$의 감소율은 미분방정식

$$\frac{dA}{dt} = kA \tag{7.2}$$

으로 나타낼 수 있다. 다만 식 (7.2)에서 상수 k는 인구 증가 모델에서와는 달리 음의 값을 갖는다.

C. 용수철 운동 모델. 수직으로 매달린 용수철의 아래 쪽 끝에 질량 m인 물체가 묶여있다고 하자. 용수철이 안정된 상태에서 용수철을 수직으로 x만큼 당겼다가 놓으면 용수철은 늘어난 길이 x에 비례하는 크기의 회복력(원래의 위치로 돌아오려고 하는 힘)을 갖는다. 회복력은 $-kx$로 나타낼 수 있다. 여기서 $k > 0$는 상수(**용수철 상수**(spring constant))이다. 가속도는 $\frac{d^2x}{dt^2}$이므로 회복력은 뉴튼의 제2법칙($F = ma$)에 의해

$$m\frac{d^2x}{dt^2} = -kx \tag{7.3}$$

로 나타낼 수 있다.(그림 7.1) 식 (7.3)은 이계 미분방정식으로 용수철 운동의 수학적 모델링이다.

예제 3. $x(t) = c_1 \cos\sqrt{\frac{k}{m}}\,t + c_2 \sin\sqrt{\frac{k}{m}}\,t$가 용수철 운동 모델 식 (7.3)의 해임을 보여라.

(풀이) $x(t)$의 이계도함수는

$$\frac{d^2x}{dt^2} = -\frac{k}{m}c_1 \cos\sqrt{\frac{k}{m}}\,t - \frac{k}{m}c_2 \sin\sqrt{\frac{k}{m}}\,t$$

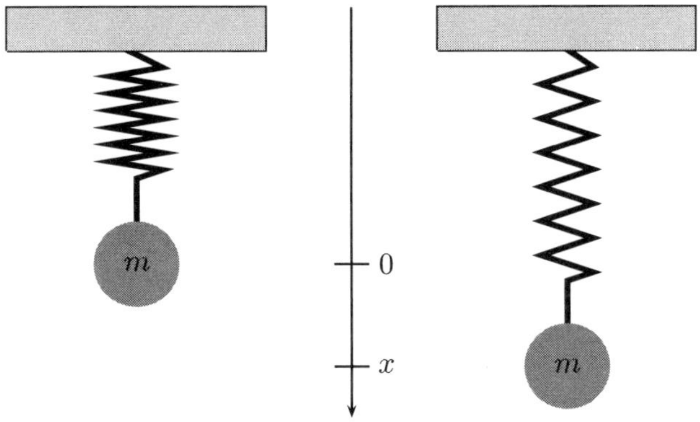

그림 7.1

이므로

$$m\frac{d^2x}{dt^2} = -k\left(c_1\cos\sqrt{\frac{k}{m}}\,t + c_2\sin\sqrt{\frac{k}{m}}\,t\right) = -kx$$

이다. 그러므로 $x(t)$는 용수철 운동 모델 (7.3)의 해이다.

D. 감염병 확산 모델. 바이러스와 같은 감염병은 집단 안에서 사람 사이의 접촉에 의해 전파된다. $x(t)$를 감염된 사람의 수, $y(t)$를 감염되지 않은 사람의 수라고 하자. 감염병이 퍼지는 비율 $\frac{dx}{dt}$는 감염병에 걸린 사람과 그렇지 않은 사람 사이의 접촉에 비례한다고 생각할 수 있다. 또 두 그룹 사이의 접촉의 수가 곱 xy에 비례한다고 가정하면 감염병의 전파는 미분방정식

$$\frac{dx}{dt} = kxy \tag{7.4}$$

로 나타낼 수 있다. 여기서 k는 비례상수이다.

예를 들어 n명이 살고 있는 작은 마을에 감염된 사람 한 명이 들어오게 되면 $x + y = n + 1$이므로 미분방정식 (7.4)는

$$\frac{dx}{dt} = kx(n+1-x) \tag{7.5}$$

와 같이 쓸 수 있다. (22절 예제 5 참고)

[연습문제 21]

1. ( )안의 함수가 미분방정식의 해임을 보여라.

(a) $y' + \sin x = 0$ $(y = \cos x + 2)$ (b) $2y' - y = 0$ $(y = 2e^{x/2})$

(c) $xy' - y = 0$ $(y = -2x)$ (d) $y' - y + x = 0$ $(y = e^x + x + 1)$

2. $y = \sin x$, $y = \sin x + 1$, $y = \sin x - \frac{1}{2}$은 모두 $y' = \cos x$의 해임을 보여라.

3. 임의의 상수 C에 대해 $y = Ce^x$가 $y' - y = 0$의 해임을 보여라.

4. 방사성 물질의 감소율이 식 (7.2), $\frac{dA}{dt} = kA$로 주어진다. 라듐의 질량은 664년이 지나면 원래의 $\frac{3}{4}$으로 줄어든다고 한다.

(a) $A(t) = Ce^{kt}$가 미분방정식 (7.2)의 해임을 보여라.

(b) $A(0) = A_0$라 하면 $C = A_0$임을 설명하여라.

(c) 라듐의 경우 식 (7.2)의 비례상수가 $k \approx -0.000433$임을 보여라.

(d) 라듐의 반감기를 구하여라.

5. 어떤 박테리아의 개체수 증가속도가 $\dfrac{dP}{dt} = kP$를 따른다고 한다. $P(0) = P_0$라고 하자.

(a) $P(1) = \dfrac{3}{2}P_0$일 때 k를 구하여라.

(b) 개체수가 현재(P_0)의 세 배가 되는 데 걸리는 시간을 구하여라.

22. 변수분리형 미분방정식

미분방정식의 형태를 구분하는 것은 미분방정식의 해를 구하는 방법과 직접적인 관련이 있다. 특정한 미분방정식은 형태에 따라 해법이 정해지기 때문이다. 이 절에서는 변수분리형 일계 미분방정식의 해를 구하는 방법에 대해 알아본다.

■ 변수분리형 미분방정식의 해. 일계 미분방정식을 독립변수로만 표시된 부분과 종속변수로만 표시된 부분으로 분리할 수 있으면 미분방정식의 해는 적분에 의해 구할 수 있다.

정의 7.1 일계 미분방정식을

$$\frac{dy}{dx} = g(x)h(y) \tag{7.6}$$

의 형태로 쓸 수 있으면 **변수분리형**(separable variables) 미분방정식이라고 한다.

미분방정식 (7.6)에서 $p(y) = \frac{1}{h(y)}$이라 하면

$$p(y)\frac{dy}{dx} = g(x) \quad \text{또는} \quad p(y)\,dy = g(x)\,dx \tag{7.7}$$

와 같이 변수 x, y에 관한 항을 양변으로 분리하여 쓸 수 있다.

만일 $y = \phi(x)$가 미분방정식 (7.7)의 해라면

$$p(\phi(x))\phi'(x) = g(x)$$

이므로

$$\int p(\phi(x))\phi'(x)\,dx = \int g(x)\,dx \tag{7.8}$$

이다. 그런데 $\phi'(x)dx = dy$이므로 변수분리형 미분방정식 (7.7)의 해는 적분

$$\int p(y)\,dy = \int g(x)\,dx \quad \Rightarrow \quad P(y) = G(x) + C \tag{7.9}$$

로부터 구할 수 있다. 여기서 P, G는 p, g의 원시함수이고 C는 상수이다.

예제 1. 미분방정식 $(1+x)\frac{dy}{dx} - y = 0$의 해를 구하여라.

(풀이) 주어진 미분방정식은

$$\frac{dy}{dx} = \frac{y}{1+x} \quad \text{또는} \quad \frac{1}{y}\,dy = \frac{1}{1+x}\,dx$$

와 같이 쓸 수 있으므로 변수분리형이다. 위의 두번째 식을 적분하여 해

$$\int \frac{1}{y}\,dy = \int \frac{1}{1+x}\,dx \quad \Rightarrow \quad \ln|y| = \ln|1+x| + c_1,$$

$$\begin{aligned} y &= \pm\, e^{\ln|1+x|+c_1} = \pm e^{c_1} e^{\ln|1+x|} \\ &= C(1+x) \quad (C := \pm e^{c_1}) \end{aligned}$$

을 얻는다. 여기서 c_1, C는 임의의 상수이다.

예제 2. 미분방정식 $\dfrac{dy}{dx} - \dfrac{2x+1}{y+\sin y} = 0$의 해를 구하여라.

(풀이) 주어진 미분방정식은 $(y+\sin y)\,dy = (2x+1)\,dx$로 쓸 수 있으므로 변수분리형이다. 해는

$$\int (y+\sin y)\,dy = \int (2x+1)\,dx \quad \Rightarrow \quad \frac{1}{2}y^2 - \cos y = x^2 + x + C$$

를 만족하는 함수 $y = y(x)$이다. 여기서 C는 임의의 상수이다.

위의 예제 2에서 해는 $y = f(x)$의 형태로 나타낼 수 없다. 예제 2에서처럼 $G(x,y) = 0$의 형태로 주어지는 미분방정식의 해를 **음함수 해**(implicit solution)이라고 한다.

■ **초깃값 문제**. 예제 1, 2에서 짐작할 수 있는 것처럼 미분방정식의 해를 구하는 것은 미분방정식에 포함된 도함수의 원시함수를 찾는 것이므로 적분과 관련이 있고 적분에서 연유되는 상수 C를 포함하게 된다. 상수 C는 임의로 주어지는 것이므로 미분방정식은 사실상 무한히 많은 해를 갖는 것이다. 임의의 상수를 포함하는 미분방정식의 해를 **일반해**(general solution)라고 한다.

반면에 특정한 조건을 만족하여 임의의 상수를 포함하지 않는 해를 **특수해**(particular solution)라고 한다. 일계 미분방정식에서 특정한 조건은

$$y(x_0) = y_0$$

의 형태로 주어지고 이 조건을 **초기조건**(initial condition)이라고 한다. 초기조건과 같이 주어진 미분방정식을 **초깃값 문제**(initial value problem)라고 한다. 초깃값 문제의 해는 특수해이다.

예제 3. 식 (7.1)의 인구증가 모델의 초깃값 문제

$$\frac{dP}{dt} = kP, \quad P(0) = 100 \tag{7.10}$$

의 해를 구하여라.

(풀이) 인구증가 모델의 미분방정식은 $\frac{1}{P}\frac{dP}{dt} = k$로 나타낼 수 있는 변수분리형으로 적분

$$\int \frac{1}{P}\, dP = \int k\, dt \quad \Rightarrow \ln P = kt + c_1$$
$$\Rightarrow P(t) = e^{kt+c_1} = e^{c_1}e^{kt} := Ce^{kt}$$

에서 일반해 $P(t) = Ce^{kt}$를 얻는다. 초기조건 $P(0) = 100$로부터 초깃값 문제 (7.10)의 특수해 $P(t) = 100e^{kt}$를 얻을 수 있다. (초깃값 문제 (7.10)에서 k는 개체의 종류에 따라 정해지는 상수이다.)

예제 4. 초깃값 문제

$$(e^{2y} - y)\cos x \frac{dy}{dx} = e^y \sin 2x, \quad y(0) = 0 \tag{7.11}$$

의 해를 구하여라.

(풀이) 주어진 미분방정식은

$$(e^y - ye^{-y})dy = \frac{\sin 2x}{\cos x}dx (= 2\sin x\, dx)$$

의 꼴로 쓸 수 있는 변수분리형이다. 적분

$$\int (e^y - ye^{-y})dy = \int 2\sin x\, dx$$
$$\Rightarrow e^y + ye^{-y} + e^{-y} = -2\cos x + C \tag{7.12}$$

로부터 주어진 미분방정식의 해는 식 (7.12)를 만족하는 함수 $y = y(x)$이다. 초기 조건 $y(0) = 0$으로부터 $C = 4$임을 알 수 있다. 그러므로 초깃값 문제 (7.11)의 해는 식 $e^y - ye^{-y} + e^{-y} = -2\cos x + 4$를 만족하는 함수 $y = y(x)$이다.

예제 5. (i) 감염병 확산 모델 (7.5)

$$\frac{dx}{dt} = kx(n + 1 - x)$$

의 해를 구하여라.

(ii) 99명이 사는 마을에 1명의 감염자가 들어왔을 때 2일 후($t = 2$)의 감염자수를 추정하여라. ($k = 0.01$로 가정한다.)

(풀이) (i) 감염병 확산 모델은 변수분리형 미분방정식

$$\frac{1}{x(n+1-x)}\,dx = k\,dt \quad \Rightarrow \quad \frac{1}{n+1}\left(\frac{1}{x} + \frac{1}{(n+1)-x}\right)dx = k\,dt$$

이므로 위 식의 양변을 적분하여

$$\begin{aligned} &\frac{1}{n+1}\left(\ln|x| - \ln|(n+1)-x|\right) = kt + c_0 \\ \Rightarrow\ &\frac{1}{n+1}\left(\ln\left|\frac{x}{(n+1)-x}\right|\right) = kt + c_0 \\ \Rightarrow\ &\frac{x}{(n+1)-x} = e^{(n+1)(kt+c_0)} = Ce^{(n+1)kt} \qquad (C := e^{(n+1)c_0}) \end{aligned}$$

을 얻는다. 따라서 미분방정식의 해, 즉 감염자의 수는

$$x(t) = \frac{(n+1)C\,e^{(n+1)kt}}{1 + C\,e^{(n+1)kt}} \tag{7.13}$$

로 나타낼 수 있다.

(ii) 한 명의 감염자가 들어왔으므로 초기조건 $x(0) = 1$을 만족해야 하므로 식 (7.13)에서 $n = 99,\ t = 0,\ x(0) = 1$일 때 $C = \frac{1}{99}$이다. 그러므로 2일후 감염자의 수는

$$x(2) = \frac{\frac{100}{99}\,e^{100(0.01)2}}{1 + \frac{1}{99}\,e^{100(0.01)2}} = \frac{100\,e^2}{99 + e^2} \approx 6.9\,(\text{명})$$

이다.

[연습문제 22]

1. 다음 미분방정식의 일반해를 구하여라.

(a) $y' - \sin 5x = 0$ (b) $dx + e^{3x}dy = 0$

(c) $y' + y + 1 = 0$ (d) $2xy' - 3y = 0$

2. 다음 초깃값 문제의 해를 구하여라.

(a) $y' = 4(y^2+1), \quad y(\frac{\pi}{4}) = 1$

(b) $x^2y' = y - xy, \quad y(-1) = -1$

(c) $\sqrt{1-y^2}\,dx + \sqrt{1-x^2}\,dy = 0, \quad y(0) = \frac{\sqrt{3}}{2}$

3. 다음 미분방정식의 음함수 해를 구하여라.

(a) $(x^2+1)yy' = 1$ (b) $y^2y' - \cos^2 x = 0$

(c) $xyy' = 2(y+3)$ (d) $(x-1)y' - 2x^3y = 0$

4. 미분방정식 $xy' = y^2 - y$의 해 가운데 그래프가 점 $(2, \frac{1}{4})$을 지나는 해를 구하여라.

23. 선형미분방정식

미분방정식이

$$a_n(x)\frac{d^n y}{dx^n} + a_{n-1}(x)\frac{d^{n-1}y}{dx^{n-1}} + \cdots + a_1(x)\frac{dy}{dx} + a_0(x)y = g(x) \tag{7.14}$$

과 같은 같은 형태를 가지면 n-계 **선형미분방정식**(n-th order differential equaton)이라고 한다. 미분방정식

$$xy'' - 2y = x^2$$

은 이계 선형미분방정식이지만

$$yy'' + y' - 2x = 0, \quad y'' + (y')^2 - xy = 2x$$

는 선형미분방정식이 아니다. 선형미분방정식은 이공학과 관련된 문제에 자주 나타난다. 여기서는 일계 선형미분방정식과 그 해법에 대해 알아본다.

■ **일계 선형미분방정식**. 일계 선형미분방정식은

$$a_1(x)\frac{dy}{dx} + a_0(x)y = g(x) \tag{7.15}$$

의 형태를 갖는다. 위의 미분방정식 (7.15)는

$$\frac{dy}{dx} + \frac{a_0(x)}{a_1(x)}y = \frac{g(x)}{a_1(x)}, \quad a_1(x) \neq 0$$

와 같이 쓸수 있다. 일계 선형미분방정식의 해를 찾는 과정의 편의를 위해 일계 선형미분방정식을 다음과 같이 정의할 수 있다.

정의 7.2 일계 선형미분방정식(1st order linear differential equation)이란

$$\frac{dy}{dx} + P(x)y = Q(x) \tag{7.16}$$

의 형태로 쓸 수 있는 방정식을 말한다. P, Q는 주어진 구간에서 연속인 함수이다.

예제 1. 미분방정식

$$x\frac{dy}{dx} - 4y = x^6e^x$$

는 $x \neq 0$일 때

$$\frac{dy}{dx} - \frac{4}{x}y = x^5e^x$$

로 쓸 수 있으므로 일계 선형미분방정식이다.

■ **적분인자와 일계 선형미분방정식의 해.** 일계 선형미분방정식 (7.16)의 해는 보통 양변에 **적분인자(integral factor)**로 불리는 적절한 함수 $I(x)$를 곱한 후 적분하여 구할 수 있다.

함수 $I(x)$가 식

$$I(x)[y' + P(x)y] = [I(x)y]' = I(x)Q(x) \tag{7.17}$$

를 만족한다고 가정하자. 식 (7.17)의 마지막 두 식을 적분하여

$$I(x)y = \int I(x)Q(x)\,dx + C$$

를 얻고 이로부터 선형미분방정식 (7.16)의 해

$$y(x) = \frac{1}{I(x)}\left[\int I(x)Q(x)\,dx + C\right]$$

를 구할 수 있다.

적분인자 $I(x)$는 어떻게 구하나? 식 (7.17)에서

$$I(x)y' + I(x)P(x)y = I'(x)y + I(x)y' \quad \Rightarrow \quad \frac{I'(x)}{I(x)} = P(x)$$

을 얻고 위의 마지막 식의 양변을 적분하면

$$\ln|I(x)| = \int P(x)\,dx + c_1$$

이다. 그러므로

$$I(x) = e^{\int P(x)\,dx + c_1} := Ce^{\int P(x)\,dx} \quad (C = \pm e^{c_1})$$

이다. 적분인자는 식 (7.17)을 만족하는 함수이면 된다. 일계 선형미분방정식 (7.16)의 적분인자는 위에서 $C = 1$일 때 즉,

$$I(x) = e^{\int P(x)\,dx} \tag{7.18}$$

로 정한다.

예제 2. 일계 선형미분방정식 $y' - \dfrac{4}{x}y = x^5e^x$의 적분인자와 해를 구하여라.

(풀이) (i) $P(x) = -\frac{4}{x}$라고 하면 식 (7.18)로부터 적분인자는

$$I(x) = e^{-\int \frac{4}{x}dx} = e^{-4\ln x} = x^{-4}$$

이다.

(ii) 주어진 미분방정식의 양변에 적분인자 $I(x) = x^{-4}$를 곱하면

$$x^{-4}y' - 4x^{-5}y = xe^x \quad \Leftrightarrow \quad (x^{-4}y)' = xe^x$$

이다. 위 식의 양변을 적분하여

$$x^{-4}y = \int xe^x\,dx = xe^x - e^x + C$$

를 얻고 이로부터 해

$$y(x) = x^5 e^x - x^4 e^x + Cx^4$$

을 구할 수 있다.

예제 3. $x > 0$에서 초깃값 문제

$$x^2 y' + xy = 1, \quad y(1) = 2$$

의 해를 구하여라.

(풀이) 주어진 미분방정식은 $x > 0$에서

$$y' + x^{-1} y = x^{-2} \tag{7.19}$$

로 쓸 수 있으므로 일계 선형미분방정식이다. 적분인자

$$I(x) = e^{\int x^{-1}\,dx} = e^{\ln x} = x$$

를 식 (7.19)의 양변에 곱하면

$$xy' + y = x^{-1} \quad \text{즉,} \quad (xy)' = x^{-1} \tag{7.20}$$

이다. 식 (7.20)의 두 번째 식을 적분하여 해

$$xy = \ln x + C \quad \Rightarrow \quad y(x) = \frac{1}{x}(\ln x + C), \quad x > 0$$

을 얻는다. 초기조건 $y(1) = 2$로부터 $C = 2$이므로 초깃값 문제의 해는

$$y(x) = \frac{1}{x}(\ln x + 2)$$

이다.

[연습문제 23]

1. 다음 미분방정식의 일반해를 구하여라.

(a) $xy' - 2y = x^2$ (b) $y' = x - y$

(c) $y' - y = e^{3x}$ (d) $\frac{dr}{d\theta} + r\tan\theta = \sec\theta$

(e) $y\frac{dx}{dy} + 2x = 5y^3$ (f) $(x+y+1)dx - dy = 0$

(g) $y' + y = \sin x$ (h) $y' + xy - 2x = 0$

2. 다음 초깃값 문제의 해를 구하여라.

(a) $x^2y' + 2xy = \ln x, \quad y(1) = 2$

(b) $t\frac{du}{dt} = t^2 + 3u, \quad t > 0, \quad u(2) = 4$

(c) $xy' = y + x^2 \sin x, \; y(\pi) = 0$

(d) $y' - y = e^x, \quad y(0) = 0$

(e) $y' - y\cot x = 2x - x^2\cot x, \quad y(\pi/2) = \frac{\pi^2}{4} + 1$

(f) $y' - (1 + \frac{3}{x})y = x + 2, \quad y(1) = e - 1$

3. $y = \phi(x)$가 $\frac{dy}{dx} + P(x)y = 0$의 해이면 임의의 상수 C에 대해 $y_c(x) = C\phi(x)$도 해가 됨을 보여라.

4. y_1이 $\frac{dy}{dx} + P(x)y = 0$의 해이고 y_2가 $\frac{dy}{dx} + P(x)y = Q(x)$의 해이면 $y_1 + y_2$는 $\frac{dy}{dx} + P(x)y = Q(x)$의 해가 됨을 보여라.

24. 미분방정식의 수치해

선형미분방정식에 비해 비선형미분방정식은 해를 구하는 과정이 복잡한 경우가 많다. 또 미분방정식을 풀 때 미분방정식을 만족하는 해 $y = y(x)$를 구하는 것이 어려울 때 특정한 점 $x = c$에서 미분방정식의 해가 갖는 함숫값 $y(c)$를 구하는 것으로 충분할 때도 있다. 이런 경우 미분방정식으로부터 필요한 정보를 얻기 위해 수치적 방법이 이용된다. 수치적 방법은 반복적인 계산이 필요하기 때문에 컴퓨터가 이용된다.

■ **오일러 방법**. 일계 미분방정식의 초깃값 문제

$$y' = f(x, y), \quad y(x_0) = y_0 \tag{7.21}$$

의 해 $y = y(x)$를 찾기 어려운 상황에서 $x = c$에서의 함숫값 $y(c)$를 찾으려 한다고 하자. 해 $y(x)$를 알 수 없는 상황이지만 해는 미분가능한 함수이다. $y = y(x)$의 그래프를 그림 7.2와 같다고 가정하자. 주어진 초기 조건으로부터 곡선 $y = y(x)$의 $x = x_0$일 때의 접선은

$$T(x) = y_0 + f(x_0, y_0)(x - x_0) \tag{7.22}$$

로 나타낼 수 있다.

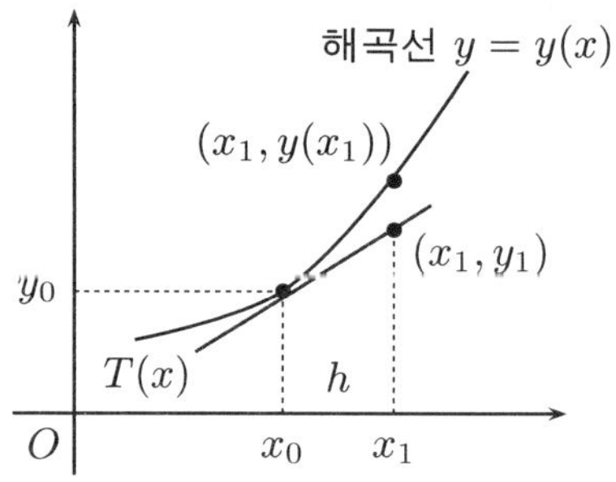

그림 7.2

h를 x축 방향의 증분으로 양의 값을 갖는다고 하자. 위 식 (7.22)에서 x를 $x_1 = x_0 + h$로 바꾸면

$$T(x_1) = y_0 + f(x_0, y_0)(x_0 + h - x_0) \quad \text{또는} \quad y_1 = y_0 + h\,f(x_0, y_0)$$

이다. 여기서 $y_1 = T(x_1)$이다.

그림 7.2에서 보는 것처럼 접선 위의 점 (x_1, y_1)은 우리가 찾고 싶어하는 미분방정식의 해를 나타내는 곡선 $y = y(x)$위의 점 $(x_1, y(x_1))$에 가까이 있는 점이다. 다시 말해

$$y(x_1) \approx y_1$$

이고, $y(x_1)$과 $y_1 = T(x_1)$의 차이는 증분 h의 크기에 따라 달라진다. 오차를 줄이기 위해서는 h를 작은 값으로 선택해야 한다.

이제 초깃값 문제를

$$y' = f(x, y), \quad y(x_1) = y_1$$

으로 바꾸어 위의 과정을 반복한다. $x_2 = x_1 + h = x_0 + 2h$로 놓고 $y(x_2)$의 근삿값

$$y(x_2) = y(x_0 + 2h) = y(x_1 + h) \approx y_2 = y_1 + h\,f(x_1, y_1)$$

을 얻는다 . 이 과정을 반복하여 $y_1, y_2, y_3, \cdots$를 식

$$y_n = y_{n-1} + h\,f(x_{n-1}, y_{n-1}), \quad x_{n-1} = x_0 + (n-1)h \tag{7.23}$$

으로 구할 수 있다.

이제 초깃값 문제 (7.1)의 해 $y(x)$의 $x = c\,(c > x_0)$에서의 함숫값의 근사값은

$$y(c) = y(x_0 + nh) = y(x_{n-1} + h) \approx y_n = y_{n-1} + h\,f(x_{n-1}, y_{n-1}) \tag{7.24}$$

로 구할 수 있다. 여기서 $h = \frac{c - x_0}{n}$이다. 이와 같이 접선에 의한 근삿값을 반복적으로 적용하여 특정한 부분에서 미분방정식의 해의 값을 구하는 방법을 **오일러의 방법**(Euler's method)이라고 한다.

예제 1. 일계 비선형미분방정식의 초깃값 문제

$$y' = 0.2\sqrt{y} + 0.1x^2, \quad y(1) = 2$$

에서 오일러의 방법을 이용하여 $h = 0.1$일 때 $y(1.5)$의 근삿값을 구하여라.

(풀이) 식 (7.24)를 이용하기 위해 주어진 미분방정식에서 $f(x, y) = 0.2\sqrt{y} + 0.1x^2$이라 하자. $x_0 = 1,\ y_0 = 2$이므로

$$\begin{aligned}
y_1 &= y_0 + h\,f(x_0, y_0) = 2 + 0.1[0.2\sqrt{2} + (0.1)(1)^2] \approx 2.0383 \\
y_2 &= y_1 + h\,f(x_1, y_1) = 2.0383 + 0.1[0.2\sqrt{2.0383} + (0.1)(1.1)^2] \approx 2.0790 \\
&\cdots \\
y_5 &= y_4 + h\,f(x_4, y_4) = 2.1682 + 0.1[0.2\sqrt{2.1682} + (0.1)(1.4)^2] \approx 2.2172
\end{aligned}$$

를 얻는다. 그러므로 초깃값 문제의 해 $y(x)$의 $x = 1.5$에서의 근삿값은

$$y(1.5) \approx y_5 \approx 2.2172$$

이다.

오일러의 방법 외에도 미분방정식의 근사해를 구할 수 있는 수치해법은 여러 가지가 있다. 사실 오일러의 방법은 간단하기는 하지만 높은 정확도를 요구하는 경우에는 적절하지 않다. 여기서는 수치해법을 소개하기 위해 오일러의 방법을 예로 들었다.

[7장 연습문제]

1. 다음 미분방정식의 일반해를 구하여라.

(a) $y' - xe^{-\sin x} = -y\cos x$ (b) $2ye^{y^2}y' - 2x - 3\sqrt{x} = 0$

(c) $xdx + ydy = 0$ (d) $y' = \frac{y}{x^2-4}$

(e) $y' = y + \sin x$ (f) $y' + \frac{y}{x} = 3x^2$

2. 다음 초깃값 문제의 해를 구하여라.

(a) $y' + 2xy - y = 0, \quad y(0) = 5$

(b) $xy' - y - x\ln x = 0, \quad y(1) = 2$

(c) $\sqrt{1-y^2}dx = (1+x^2)dy, \quad y(1) = 0$

(d) $xy' + y - 6x^2 = 0, \quad y(1) = 0$

3. 1900년 300백만이었던 어느 나라의 인구가 2000년에는 6000만명으로 증가하였다.

(a) 인구 증가 모델 $\frac{dP}{dt} = kP$의 비례상수 k의 근삿값을 결정하여라.

(b) 이 나라의 2050년의 인구를 예측하여라.

4. 한 개체의 개체수 증가는 아래의 초깃값 문제에 따른다고 한다.

$$\frac{dP}{dt} = 0.1P\left(1 - \frac{P}{2000}\right), \quad P(0) = 100$$

(a) 위 초깃값 문제의 해를 구하여라.

(b) $t = 20$일 때 개체수를 구하여라.

(c) 개체수가 1200이 되는 t를 구하여라.

5. 다음 초깃값 문제의 해를 구하고 해가 정의될 수 있는 최대 구간을 구하여라.

$$\sin x \frac{dy}{dx} + (\cos x)y = 0, \quad y(7\pi/6) = -2$$

8

행렬

행렬은 연립일차방정식, 일차변환, 연립미분방정식 등의 여러 분야와 깊은 관련을 갖고 있다. 예를 들어 연립일차방정식은 행렬로 나타낼 수 있고 행렬이 갖는 수학적 특성을 이용하여 연립일차방정식의 해를 찾을 수 있다. 행렬 이론은 응용분야의 문제해결에 널리 응용될 수 있기 때문에 물리학, 공학, 통계학을 비롯한 다양한 분야에서 이용되고 있다.

25. 행렬의 연산

수를 아래와 같이 직사각형의 형태

$$\begin{bmatrix} a_{11} & a_{12} & \cdots & a_{1n} \\ a_{21} & a_{22} & \cdots & a_{2n} \\ \cdot & \cdot & \cdots & \cdot \\ a_{m1} & a_{m2} & \cdots & a_{mn} \end{bmatrix} \tag{8.1}$$

로 배열한 것을 **행렬**(matrix)이라고 한다. 행렬을 이루는 수 $a_{11}, a_{12}, \cdots, a_{mn}$을 행렬의 **원**(elements)이라고 한다. 행렬의 가로줄을 **행**(row), 세로줄을 **열**(column)이라고 한다. 위의 행렬 (8.1)과 같이 m개의 행과 n개의 열을 갖는 행렬을 크기가 $m \times n$인 행렬이라고 한다. 행렬은 보통 A, B와 같은 대문자로 나타내며, 행렬의 i행 j열의 원은 a_{ij}로 나타낸다. 또 (크기가 $m \times n$인) 행렬 A를

$$A = (a_{ij})_{m \times n} \quad \text{또는} \quad A = (a_{ij})$$

로 나타내기도 한다.

■ **행렬의 덧셈.** 크기가 $m \times n$인 두 행렬 $A = (a_{ij})$, $B = (b_{ij})$에서

$$a_{ij} = b_{ij} \quad (i = 1, 2, \cdots, m, \quad j = 1, 2, \cdots, n)$$

이면 A, B는 같다고 하고 $A = B$로 쓴다.

두 행렬 $A = (a_{ij})$, $B = (b_{ij})$의 크기가 모두 $m \times n$일 때 A, B의 합 $A + B$와 차 $A - B$를 정의할 수 있다. $A + B = C = (c_{ij})$, $A - B = D = (d_{ij})$라 하면 c_{ij}와 d_{ij}는 각각

$$c_{ij} = a_{ij} + b_{ij}, \quad d_{ij} = a_{ij} - b_{ij} \quad (i = 1, 2, \cdots, m, \quad j = 1, 2, \cdots, n) \tag{8.2}$$

로 약속한다. 행렬 C, D의 크기는 $m \times n$이다. 위의 식 (8.2)에서

$$c_{ij} = a_{ij} + b_{ij} = b_{ij} + a_{ij}$$

이므로 $A + B = B + A$이다.

예제 1. 행렬 A, B, C가

$$A = \begin{bmatrix} 1 & 0 & -2 \\ 3 & 1 & 2 \end{bmatrix} \quad B = \begin{bmatrix} 5 & 3 & 1 \\ -7 & 2 & 0 \end{bmatrix} \quad C = \begin{bmatrix} 9 & 3 \\ -6 & 0 \end{bmatrix}$$

일 때

(i) A, B의 크기는 2×3, C의 크기는 2×2이다.

(ii) A와 C는 크기가 같지 않으므로 합, 차를 정의할 수 없지만 크기가 같은 두 행렬 A, B의 합과 차 $A + B, A - B$는

$$\begin{aligned} A + B &= \begin{bmatrix} 1 & 0 & -2 \\ 3 & 1 & 2 \end{bmatrix} + \begin{bmatrix} 5 & 3 & 1 \\ -7 & 2 & 0 \end{bmatrix} = \begin{bmatrix} 1+5 & 0+3 & -2+1 \\ 3-7 & 1+2 & 2+0 \end{bmatrix} \\ &= \begin{bmatrix} 6 & 3 & -1 \\ -4 & 3 & 2 \end{bmatrix}, \end{aligned}$$

$$\begin{aligned} A - B &= \begin{bmatrix} 1 & 0 & -2 \\ 3 & 1 & 2 \end{bmatrix} - \begin{bmatrix} 5 & 3 & 1 \\ -7 & 2 & 0 \end{bmatrix} = \begin{bmatrix} 1-5 & 0-3 & -2-1 \\ 3+7 & 1-2 & 2-0 \end{bmatrix} \\ &= \begin{bmatrix} -4 & -3 & -3 \\ 10 & -1 & 2 \end{bmatrix} \end{aligned}$$

이다.

원들이 모두 0인 행렬을 **영행렬**(zero matrix)이라고 하고 O로 나타낸다. 행렬 A와 영행렬 O의 크기가 같을 때

$$A + O = A = O + A$$

이다.

■ **행렬의 곱셈**. 행렬 $A = (a_{ij})$에 상수 k를 곱한 행렬은 kA로 나타내고

$$kA = (ka_{ij})$$

로 정의한다. kA는 A의 모든 원에 상수 k를 곱한 행렬이다.

예제 2. 예제 1의 행렬 C에 상수 -2를 곱한 행렬 $-2C$는

$$-2C = \begin{bmatrix} -18 & -6 \\ 12 & 0 \end{bmatrix}$$

이다. 또

$$C = \begin{bmatrix} 9 & 3 \\ -6 & 0 \end{bmatrix} = 3\begin{bmatrix} 3 & 1 \\ -2 & 0 \end{bmatrix}$$

로 쓸 수 있다.

이제 두 행렬 A, B의 곱에 대해 알아보자. 크기가 $m \times n$인 행렬 $A = (a_{ij})$와 크기가 $r \times s$인 행렬 $B = (b_{ij})$의 곱은 $n = r$일 때만 정의된다. 이 때 두 행렬의 곱은 AB로 나타내고 $C = AB = (c_{ij})$일 때 C는 크기 $m \times s$인 행렬이고

$$c_{ij} = \sum_{k=1}^{n} a_{ik}b_{kj} = a_{i1}b_{1j} + a_{i2}b_{2j} + \cdots + a_{in}b_{nj} \quad (i = 1, 2, \cdots, m, \quad j = 1, 2, \cdots s) \tag{8.3}$$

로 약속한다. 식 (8.3)은 행렬 C의 i행 j열의 원 c_{ij}는 A의 i행의 원과 B의 j열의 원을 순서대로 곱하고 이들을 더한 값이다.

예제 3. 행렬 A, B가

$$A = \begin{bmatrix} 1 & 2 \\ -3 & 4 \end{bmatrix}, \quad B = \begin{bmatrix} 2 & 0 & -1 \\ 4 & 5 & 1 \end{bmatrix}$$

일 때

(i) 행렬 A, B의 크기는 각각 2×2, 2×3이므로 두 행렬의 곱 AB를 계산할 수 있다. AB는 크기 2×3인 행렬로

$$\begin{aligned} AB &= \begin{bmatrix} 1 & 2 \\ -3 & 4 \end{bmatrix} \begin{bmatrix} 2 & 0 & -1 \\ 4 & 5 & 1 \end{bmatrix} \\ &= \begin{bmatrix} (1 \cdot 2 + 2 \cdot 4) & (1 \cdot 0 + 2 \cdot 5) & (1 \cdot (-1) + 2 \cdot 1) \\ ((-3) \cdot 2 + 4 \cdot 4) & ((-3) \cdot 0 + 4 \cdot 5) & ((-3) \cdot (-1) + 4 \cdot 1) \end{bmatrix} \\ &= \begin{bmatrix} 10 & 10 & 1 \\ 10 & 20 & 7 \end{bmatrix} \end{aligned}$$

이다. 그러나 앞의 두 행렬 A, B의 곱 BA는 정의할 수 없다. 일반적으로 두 행렬 A, B의 곱 AB와 BA가 정의된다 해도 $AB = BA$인 것은 아니다.

(ii) 행과 열의 수가 같은 행렬을 **정방행렬**(square matrix)이라고 한다. 정방행렬 A는 자신과의 곱 AA를 정의할 수 있다. $AA = A^2$로 나타내며

$$A^2 = \begin{bmatrix} 1 & 2 \\ -3 & 4 \end{bmatrix} \begin{bmatrix} 1 & 2 \\ -3 & 4 \end{bmatrix} = \begin{bmatrix} -5 & 10 \\ -15 & 10 \end{bmatrix}$$

이다.

크기가 $n \times n$인 정방행렬 $A = (a_{ij})$에서 $a_{11}, a_{22}, \cdots, a_{nn}$을 포함하는 대각선을 A의 **주대각선**(principal diagonal)이라고 한다. 주대각선 밖의 원이 모두 0인 행렬을 **대각행렬**(diagonal matrix)이라고 한다. 대각행렬 가운데 주대각선의 원이 모두 1인 행렬을 **단위행렬**(unit matrix)이라고 한다.

예제 4. 아래 행렬 A, B, C는 모두 대각행렬이고 C는 단위행렬이다. 단위행렬은 보통 I로 나타낸다.

$$A = \begin{bmatrix} 7 & 0 \\ 0 & 3 \end{bmatrix} \quad B = \begin{bmatrix} 3 & 0 & 0 \\ 0 & 0 & 0 \\ 0 & 0 & -2 \end{bmatrix} \quad C = \begin{bmatrix} 1 & 0 & 0 \\ 0 & 1 & 0 \\ 0 & 0 & 1 \end{bmatrix} = I$$

A가 크기 $m \times n$인 행렬, I가 $n \times n$인 단위행렬이면

$$AI = A$$

이다. A가 크기 $n \times n$인 정방행렬이면

$$AI = A = IA$$

이다. 다음 정리는 행렬의 덧셈과 곱셈에 관한 연산에서 성립하는 규칙을 모은 것이다.

정리 **8.1** A, B, C가 $m \times n$ 행렬, D, E가 $n \times r$행렬, F가 $r \times s$ 행렬, α, β가 상수일 때 다음이 성립한다.

(1) $A+B=B+A$ (2) $(A+B)+C=A+(B+C)$

(3) $\alpha(A+B)=\alpha A+\alpha B$ (4) $(\alpha+\beta)A=\alpha A+\beta A$

(5) $\alpha(\beta A)=(\alpha\beta)A$ (6) $A(D+E)=AD+AE$

(7) $(A+B)D=AD+BD$ (8) $(AD)F=A(DF)$

(9) $\alpha(AD)=(\alpha A)D=A(\alpha D)$

또 A가 정방행렬일 때 A를 k번 곱한 것을 $A^k=AA\cdots A$로 나타내고

$$(A^k)(A^r)=A^{k+r},\quad (A^k)^r=A^{kr}$$

이다.

[연습문제 25]

1. 행렬 A, B, C에 대해 다음을 구하여라.

$$A=\begin{bmatrix}2 & -4 & 1\\ 0 & 3 & 5\end{bmatrix}\quad B=\begin{bmatrix}-1 & 3 & 1\\ 2 & 0 & 5\end{bmatrix}\quad C=\begin{bmatrix}0 & 1 & 2\\ 0 & -1 & 3\\ 2 & 5 & 4\end{bmatrix}$$

(a) $A+B$ (b) $A-B$ (c) $2A+3B$ (d) $2A-3B$

(e) AC (f) $B(2C)$ (g) $(-B)(3C)$ (h) C^2

2. 행렬 A, B가 아래와 같다.

$$A=\begin{bmatrix}1 & -2 & 4\\ 3 & 1 & 5\\ 2 & 4 & 0\end{bmatrix}\quad B=\begin{bmatrix}2 & 4 & -2\\ -1 & -2 & 1\\ -1 & -2 & 1\end{bmatrix}$$

(i) AB, BA를 구하여라.

(ii) 두 행렬의 곱 $CD=O$는 $C=O$ 또는 $D=O$이 성립하는지 확인하여라.

3. 행렬 A, X, Y가

$$A = \begin{bmatrix} a_{11} & a_{12} \\ a_{21} & a_{22} \end{bmatrix} \quad X = \begin{bmatrix} x_1 \\ x_2 \end{bmatrix} \quad Y = \begin{bmatrix} y_1 \\ y_2 \end{bmatrix}$$

일 때 $AX = Y$는 연립일차방정식

$$\begin{aligned} y_1 &= a_{11}x_1 + a_{12}x_2 \\ y_2 &= a_{21}x_1 + a_{22}x_2 \end{aligned}$$

를 나타냄을 설명하여라.

4. A, B가 대각행렬일 때 다음을 보여라.

$$(A+B)^2 = A^2 + 2AB + B^2, \quad (A+B)(A-B) = A^2 - B^2$$

26. 역행렬과 행렬식

■ **역행렬**. A가 크기 $n \times n$인 정방행렬일 때

$$AB = BA = I \tag{8.4}$$

를 만족하는 크기 $n \times n$인 정방행렬 B가 존재하면, A를 **가역행렬**(invertible matrix)이라고 하며 B를 A의 **역행렬**(inverse matrix)이라 한다. A의 역행렬은 A^{-1}로 나타낸다.

예제 1. 행렬 A, B가

$$A = \begin{bmatrix} 1 & -2 \\ 0 & 1 \end{bmatrix} \quad B = \begin{bmatrix} 1 & 2 \\ 0 & 1 \end{bmatrix}$$

일 때

$$AB = \begin{bmatrix} 1 & -2 \\ 0 & 1 \end{bmatrix} \begin{bmatrix} 1 & 2 \\ 0 & 1 \end{bmatrix} = \begin{bmatrix} 1 & 0 \\ 0 & 1 \end{bmatrix} = I,$$

$$BA = \begin{bmatrix} 1 & 2 \\ 0 & 1 \end{bmatrix} \begin{bmatrix} 1 & -2 \\ 0 & 1 \end{bmatrix} = \begin{bmatrix} 1 & 0 \\ 0 & 1 \end{bmatrix} = I$$

이므로 A는 가역행렬이고 $A^{-1} = B$이다. 행렬 B가 A의 역행렬이면 B 또한 가역이고 $B^{-1} = A$이다.

■ **행연산과 역행렬**. 행렬 A에 대해 다음을 **행연산**(row operation)이라고 한다.

O_1. i행과 j행의 위치를 서로 바꾼다.

O_2. i행의 모든 원에 0이 아닌 상수를 곱한다.

O_3. i행에 0이 아닌 상수를 곱하여 j행에 더한다.

예제 2. 다음은 행연산의 예이다. 행렬 A에 행연산 O_1(1행과 2행의 위치를 바꿈), O_2(2행의 모든 원에 2를 곱함), O_3(1행에서 3를 곱하여 3행에 더함)를 차례로 적용한 경우이다.

$$A = \begin{bmatrix} 2 & 4 & -2 \\ 0 & 1 & 3 \\ 4 & 2 & 1 \end{bmatrix} \xrightarrow{O_1} \begin{bmatrix} 0 & 1 & 3 \\ 2 & 4 & -2 \\ 4 & 2 & 1 \end{bmatrix} \xrightarrow{O_2} \begin{bmatrix} 0 & 1 & 3 \\ 4 & 8 & -4 \\ 4 & 2 & 1 \end{bmatrix} \xrightarrow{O_3} \begin{bmatrix} 0 & 1 & 3 \\ 4 & 8 & -4 \\ 4 & 5 & 10 \end{bmatrix}$$

행렬 A가 가역이면 유한번의 행연산을 이용하여 역행렬을 찾을 수 있다. 여기서는 행연산을 적용하여 역행렬을 찾는 방법에 대해 알아본다. 먼저 행렬 A와 단위행렬 I를 나란히 쓰고 여기에 적절한 행연산을 적용하여 A를 단위행렬 I가 되도록 한다. 이 때 처음 단위행렬 I가 바뀌어 결과로 나타난 행렬이 역행렬 A^{-1}이다.

$$[A : I] \Longrightarrow [I : A^{-1}]$$

예제 3. 행연산을 이용하여 행렬 A의 역행렬 A^{-1}을 구하는 과정이다.

$$A = \begin{bmatrix} 1 & 1 & 1 \\ 2 & 2 & 4 \\ 0 & 1 & -2 \end{bmatrix} \implies A^{-1} = \begin{bmatrix} 4 & -\frac{3}{2} & -1 \\ -2 & 1 & 1 \\ -1 & \frac{1}{2} & 0 \end{bmatrix}$$

(i) $[A : I]$를 쓴다.

$$\begin{bmatrix} 1 & 1 & 1 & : & 1 & 0 & 0 \\ 2 & 2 & 4 & : & 0 & 1 & 0 \\ 0 & 1 & -2 & : & 0 & 0 & 1 \end{bmatrix}$$

(ii) O_2. 2행에 $\frac{1}{2}$를 곱한다.

$$\begin{bmatrix} 1 & 1 & 1 & : & 1 & 0 & 0 \\ 1 & 1 & 2 & : & 0 & \frac{1}{2} & 0 \\ 0 & 1 & -2 & : & 0 & 0 & 1 \end{bmatrix}$$

(iii) O_3. 1행에 -1 를 곱하여 2행에 더한다.

$$\begin{bmatrix} 1 & 1 & 1 & : & 1 & 0 & 0 \\ 0 & 0 & 1 & : & -1 & \frac{1}{2} & 0 \\ 0 & 1 & -2 & : & 0 & 0 & 1 \end{bmatrix}$$

(iv) O_3. 2행과 3행을 바꾼다.

$$\begin{bmatrix} 1 & 1 & 1 & : & 1 & 0 & 0 \\ 0 & 1 & -2 & : & 0 & 0 & 1 \\ 0 & 0 & 1 & : & -1 & \frac{1}{2} & 0 \end{bmatrix}$$

(v) O_3. 3행에 2를 곱하여 2행에 더한다.

$$\begin{bmatrix} 1 & 1 & 1 & : & 1 & 0 & 0 \\ 0 & 1 & 0 & : & -2 & 1 & 1 \\ 0 & 0 & 1 & : & -1 & \frac{1}{2} & 0 \end{bmatrix}$$

(vi) O_3. 3행, 2행에 -1를 곱하여 차례로 1행에 더한다.

$$\begin{bmatrix} 1 & 0 & 0 & : & 4 & -\frac{3}{2} & -1 \\ 0 & 1 & 0 & : & -2 & 1 & 1 \\ 0 & 0 & 1 & : & -1 & \frac{1}{2} & 0 \end{bmatrix}$$

행렬 A가 가역이고 C, D가 A의 역행렬이라면 $AD = CA = I$이므로

$$C = CI = C(AD) = (CA)D = ID = D$$

이다. 이것은 가역행렬은 단 하나의 역행렬을 가짐을 말한다. 다음의 정리는 역행렬과 관련된 사실을 모은 것이다.

정리 8.2 $n \times n$행렬 A, B가 가역행렬일 때 다음이 성립한다.

(1) A의 역행렬은 유일하다.

(2) AB도 가역이고 $(AB)^{-1} = B^{-1}A^{-1}$이다.

(3) A^{-1}도 가역이고 $(A^{-1})^{-1} = A$이다.

(4) $k(\neq 0)$가 상수일 때 kA도 가역이고 $(kA)^{-1} = \frac{1}{k}A^{-1}$이다.

(5) $AX = AY$이면 $X = Y$이다.

정리 8.2로부터 A가 가역행렬일 때

$$(A^2)^{-1} = A^{-1}A^{-1} = (A^{-1})^2, \quad (A^n)^{-1} = (A^{-1})^n$$

임을 알 수 있다. 정리 8.2의 증명은 연습문제로 남긴다.

■ **행렬식**. 행렬식은 정방행렬에 대해 정의된 것으로 정방행렬 A의 행렬식은 $\det A$로 나타낸다. 행렬식으로부터 행렬이 갖는 중요한 성질을 알 수 있다. 예를 들어 정방행렬 A의 행렬식이 0이 아니면 A는 역행렬을 갖고, 행렬식이 0이면 A는 역행렬을 갖지 않는다. 그러나 여기서는 행렬식의 계산 방법을 중심으로 공부한다. 먼저 2×2 행렬의 행렬식에 대해 알아본다.

$A = (a_{ij})$가 2×2 행렬일 때 A의 **행렬식**(determinant)은

$$\det A = \begin{vmatrix} a_{11} & a_{12} \\ a_{21} & a_{22} \end{vmatrix} = a_{11}a_{22} - a_{12}a_{21} \tag{8.5}$$

로 정의한다.

$A = (a_{ij})$가 $n \times n$행렬일 때 A의 행렬식은

$$\det A = \begin{vmatrix} a_{11} & a_{12} & \cdots & a_{1n} \\ a_{21} & a_{22} & \cdots & a_{2n} \\ \cdot & \cdot & \cdots & \cdot \\ a_{n1} & a_{n2} & \cdots & a_{nn} \end{vmatrix} \tag{8.6}$$

로 나타낸다. 행렬 A의 i행, j열을 뺀 $(n-1)\times(n-1)$ 행렬의 행렬식을 M_{ij}로 나타내고 **소행렬**(minor matrix)이라고 하고

$$C_{ij} = (-1)^{i+j} M_{ij} \tag{8.7}$$

를 a_{ij}의 **여인수**(cofactor)라고 한다.

예제 4. 다음 3×3 행렬 A의 1행에 대한 여인수 C_{11}, C_{12}, C_{13}를 구하여 보자.

$$A = \begin{bmatrix} 2 & 1 & 0 \\ -1 & 3 & 2 \\ 0 & -2 & 4 \end{bmatrix}$$

위의 정의에 의해 여인수는

(i) $C_{11} = (-1)^2\, M_{11} = \begin{vmatrix} 3 & 2 \\ -2 & 4 \end{vmatrix} = 3\cdot 4 - 2\cdot(-2) = 16,$

(ii) $C_{12} = (-1)^3\, M_{12} = -\begin{vmatrix} -1 & 2 \\ 0 & 4 \end{vmatrix} = -[(-1)\cdot 4 - 2\cdot 0] = 4,$

(iii) $C_{13} = (-1)^4\, M_{13} = \begin{vmatrix} -1 & 3 \\ 0 & -2 \end{vmatrix} = (-1)\cdot(-2) - 3\cdot 0 = 2$

이다.

정의 8.3 $n\times n$행렬 A의 행렬식 (8.6)은

$$\det A = a_{i1}C_{i1} + a_{i2}C_{i2} + \cdots + a_{in}C_{in} \quad (1 \le i \le n) \tag{8.8}$$

으로 정의한다.

식 (8.8)의 오른쪽 변을 행렬 A의 i행에 관한 **여인수전개**라고 한다.

예제 5. 앞의 예제 4의 행렬 A의 행렬식은 1행에 관한 여인수전개로부터

$$\begin{aligned}\det A &= a_{11}C_{11} + a_{12}C_{12} + a_{13}C_{13} \\ &= 2 \cdot 16 + 1 \cdot 4 + 0 \cdot 2 = 36\end{aligned}$$

이다.

■ **행렬식의 계산.** 일반적인 형태를 갖는 3×3 행렬

$$A = \begin{bmatrix} a_{11} & a_{12} & a_{13} \\ a_{21} & a_{22} & a_{23} \\ a_{31} & a_{32} & a_{33} \end{bmatrix}$$

의 1행에 대한 여인수 C_{11}, C_{12}, C_{13}는

$$\begin{aligned} C_{11} &= (-1)^2\, M_{11} = \begin{vmatrix} a_{22} & a_{23} \\ a_{32} & a_{33} \end{vmatrix} = a_{22}a_{33} - a_{23}a_{32}, \\ C_{12} &= (-1)^3\, M_{12} = -\begin{vmatrix} a_{21} & a_{23} \\ a_{31} & a_{33} \end{vmatrix} = -(a_{21}a_{33} - a_{23}a_{31}), \\ C_{13} &= (-1)^4\, M_{13} = \begin{vmatrix} a_{21} & a_{22} \\ a_{31} & a_{32} \end{vmatrix} = a_{21}a_{32} - a_{22}a_{31} \end{aligned}$$

이다. 그러므로 3×3 행렬 A의 행렬식은

$$\begin{aligned}\det A &= a_{11}C_{11} + a_{12}C_{12} + a_{13}C_{13} \\ &= a_{11}(a_{22}a_{33} - a_{23}a_{32}) - a_{12}(a_{21}a_{33} - a_{23}a_{31}) + a_{13}(a_{21}a_{32} - a_{22}a_{31}) \\ &= a_{11}a_{22}a_{33} + a_{12}a_{23}a_{31} + a_{13}a_{21}a_{32} \\ &\qquad - a_{13}a_{22}a_{31} - a_{12}a_{21}a_{33} - a_{11}a_{23}a_{32} \end{aligned} \tag{8.9}$$

이다.

행렬식을 구할 때 계산의 양을 줄이기 위해서 0을 많이 포함하는 행에 대해서 여인수전개하는 것이 좋다.

예제 6. 4×4 행렬 A의 행렬식

$$\det A = \begin{vmatrix} 2 & -1 & 3 & 2 \\ 0 & 2 & 1 & 0 \\ 2 & -2 & 2 & 4 \\ 2 & 2 & 3 & 1 \end{vmatrix}$$

을 계산하기 위해 2행에 대해 여인수전개하면

$$\begin{aligned} \det A &= 0 \cdot C_{21} + 2 \cdot C_{22} + 1 \cdot C_{23} + 0 \cdot C_{24} \\ &= 2(-1)^4 M_{22} + (-1)^5 M_{23} \\ &= 2\begin{vmatrix} 2 & 3 & 2 \\ 2 & 2 & 4 \\ 2 & 3 & 1 \end{vmatrix} - \begin{vmatrix} 2 & -1 & 2 \\ 2 & -2 & 4 \\ 2 & 2 & 1 \end{vmatrix} = 2 \cdot 2 - (-10) = 14 \end{aligned}$$

이다.

다음 정리는 $n \times n$ 행렬 A의 행연산과 행렬식의 관계를 보여준다. 이 정리를 이용하면 행렬식의 계산에 도움이 될 수 있다. 정리의 증명은 생략한다.

정리 **8.4** A가 $n \times n$행렬일 때 다음이 성립한다.

(1) A의 두 행을 교환한 행렬을 B라 하면 $\det B = -\det A$이다.

(2) A의 한 행에 상수 k를 곱한 행렬을 B라 하면 $\det B = k \det A$이다.

(3) A의 한 행에 상수 k를 곱하여 다른 행에 더한 행렬을 B라 하면 $\det B = \det A$이다.

$n \times n$행렬 A의 한 행이 모두 0일 때 행렬식을 계산하기 위해 모든 원이 0인 행에 대해 여인수전개하면 $\det A = 0$이다. 또 한 행이 다른 행의 k배이면 행연산에 의해 한 행을 모두 0으로 만들 수 있으므로 정리 8.4의 (3)에 의해 그 행렬의 행렬식은 0이다.

예제 7. 정리 8.4에 의해

(i) $\begin{vmatrix} 2 & -1 \\ 3 & -2 \end{vmatrix} = -\begin{vmatrix} 3 & -2 \\ 2 & -1 \end{vmatrix} = -1$

(ii) $\begin{vmatrix} 1 & -1 & 2 \\ 3 & -2 & 5 \\ -3 & 3 & -6 \end{vmatrix} = (-3)\begin{vmatrix} 1 & -1 & 2 \\ 3 & -2 & 5 \\ 1 & -1 & 2 \end{vmatrix} = (-3)\begin{vmatrix} 0 & 0 & 0 \\ 3 & -2 & 5 \\ 1 & -1 & 2 \end{vmatrix} = 0$ 이다.

정리 **8.5** A, B가 $n \times n$행렬이면

$$\det(AB) = \det A \det B$$

이다.

예제 8. (i) $\det\left(\begin{bmatrix} 3 & 5 \\ -1 & 2 \end{bmatrix}\begin{bmatrix} 1 & 0 \\ 3 & -1 \end{bmatrix}\right) = \begin{vmatrix} 3 & 5 \\ -1 & 2 \end{vmatrix} \cdot \begin{vmatrix} 1 & 0 \\ 3 & -1 \end{vmatrix} = 11 \cdot (-1) = -11$

(ii) A가 가역행렬이면 $AA^{-1} = I$이므로

$$\det A \det A^{-1} = \det(AA^{-1}) = \det I = 1, \quad \det A^{-1} = \frac{1}{\det A}$$

이다.

[연습문제 26]

1. $ad - bc \neq 0$일 때 $A = \begin{bmatrix} a & b \\ c & d \end{bmatrix}$의 역행렬 A^{-1}을 구하여라.

2. A, B가 가역행렬일 때 $(AB)^{-1} = B^{-1}A^{-1}$임을 보여라.

3. A가 가역행렬이고 $k(\neq 0)$가 상수일 때 $(kA)^{-1} = \frac{1}{k}A^{-1}$임을 설명하여라.

4. A가 $n \times n$행렬, k는 상수일 때

$$\det(kA) = k^n \det A$$

임을 정리 8.4를 이용하여 설명하여라.

5. A가 가역행렬일 때 $AX = AY$이면 $X = Y$임을 설명하여라.

6. $A = \begin{bmatrix} a & b \\ c & d \end{bmatrix}$, $\det A = 5$일 때 다음을 구하여라.

(a) $\begin{vmatrix} c & d \\ a & b \end{vmatrix}$ (b) $\det(2A)$ (c) $\det A^2$ (d) $\det A^{-1}$

7. $A = \begin{bmatrix} 1 & 3 \\ 2 & 2 \end{bmatrix}$, $B = \begin{bmatrix} 4 & -1 \\ 3 & -2 \end{bmatrix}$일 때 다음을 구하여라.

(a) $\det A$ (b) $\det B$ (c) $\det(AB)$

8. 다음 행렬의 행렬식과 역행렬을 구하여라.

(a) $\begin{bmatrix} 1 & 2 & 3 \\ 1 & 2 & 3 \\ 3 & 5 & 1 \end{bmatrix}$ (b) $\begin{bmatrix} 0 & 2 & -1 \\ 1 & -2 & 1 \\ 4 & 0 & 1 \end{bmatrix}$ (c) $\begin{bmatrix} 3 & 2 & 1 & 1 \\ -1 & 0 & 3 & 1 \\ 0 & -2 & 0 & 1 \\ 1 & 3 & 2 & -1 \end{bmatrix}$

27. 행렬과 연립일차방정식

연립일차방정식

$$\begin{aligned} a_{11}x_1 + a_{12}x_2 + \cdots + a_{1n}x_n &= y_1 \\ a_{21}x_1 + a_{22}x_2 + \cdots + a_{2n}x_n &= y_2 \\ &\cdots \\ a_{m1}x_1 + a_{m2}x_2 + \cdots + a_{mn}x_n &= y_m \end{aligned} \tag{8.10}$$

은 행렬

$$AX = Y \quad \Leftrightarrow \quad \begin{bmatrix} a_{11} & a_{12} & \cdots & a_{1n} \\ a_{21} & a_{22} & \cdots & a_{2n} \\ \cdot & \cdot & \cdots & \cdot \\ a_{m1} & a_{m2} & \cdots & a_{mn} \end{bmatrix} \begin{bmatrix} x_1 \\ x_2 \\ \cdot \\ x_n \end{bmatrix} = \begin{bmatrix} y_1 \\ y_2 \\ \cdot \\ y_m \end{bmatrix} \tag{8.11}$$

로 나타낼 수 있다. 이 때 행렬 A를 연립일차방정식 (8.10)의 **계수행렬**(coefficients matrix)이라고 한다. 이 절에서는 행렬을 이용하여 연립일차방정식의 해를 찾는 방법에 대해 알아본다.

■ **행연산을 이용한 해법**. 연립일차방정식에서 두 방정식의 위치를 서로 바꾸어도 연립일차방정식의 해에는 변화가 없다. 마찬가지로 한 방정식에 0이 아닌 상수를 곱하거나, 한 방정식에 0이 아닌 상수를 곱한 후 다른 방정식에 더하여도 그 해는 바뀌지 않는다. 예를 들어 연립일차방정식

$$2x - 3y + z = 1, \quad x + y + 2z = 0, \quad 2x - y - z = 3$$

과 다음 세 연립일차방정식

$$\begin{cases} x + y + 2z = 0 \\ 2x - 3y + z = 1 \\ 2x - y - z = 3 \end{cases} \quad \begin{cases} -2x - 2y - 4z = 0 \\ 2x - 3y + z = 1 \\ 2x - y - z = 3 \end{cases} \quad \begin{cases} x + y + 2z = 0 \\ 2x - 3y + z = 1 \\ -3y - 5z = 3 \end{cases}$$

은 모두 $x = \frac{5}{4}$, $y = \frac{1}{4}$, $z = -\frac{3}{4}$를 해로 갖는다. 이는 행연산을 이용하여 연립일차방정식의 해를 구할 수 있음을 말한다.

예제 1. 연립일차방정식

$$\begin{aligned} x_1 + x_2 + x_3 &= 3 \\ x_1 - x_3 &= 1 \\ 2x_1 + x_2 + 3x_3 &= 4 \end{aligned}$$

의 계수행렬에 상수항을 붙여 만든 행렬 $[A:Y]$에 행연산을 이용하여

$$[A:Y]=\begin{bmatrix}1&1&1&:&3\\1&0&-1&:&1\\2&1&3&:&4\end{bmatrix}\Longrightarrow\begin{bmatrix}1&0&-1&:&1\\1&1&1&:&3\\2&1&3&:&4\end{bmatrix}$$
$$\Longrightarrow\begin{bmatrix}1&0&-1&:&1\\0&1&2&:&2\\0&1&5&:&2\end{bmatrix}\Longrightarrow\begin{bmatrix}1&0&-1&:&1\\0&1&2&:&2\\0&0&3&:&0\end{bmatrix}$$
$$\Longrightarrow\begin{bmatrix}1&0&-1&:&1\\0&1&2&:&2\\0&0&1&:&0\end{bmatrix}\Longrightarrow\begin{bmatrix}1&0&0&:&1\\0&1&0&:&2\\0&0&1&:&0\end{bmatrix}$$

을 얻는다. 위의 마지막 행렬은

$$\begin{bmatrix}1&0&0\\0&1&0\\0&0&1\end{bmatrix}\begin{bmatrix}x_1\\x_2\\x_3\end{bmatrix}=\begin{bmatrix}1\\2\\0\end{bmatrix} \tag{8.12}$$

을 의미하므로 주어진 연립일차방정식의 해는

$$x_1=1,\ x_2=2,\ x_3=0$$

이다.

■ **역행렬을 이용한 해법**. 연립일차방정식 $AX=Y$가 n개의 미지수를 포함하는 n개의 방정식으로 이루어져 있다면 계수행렬 A는 $n\times n$ 정방행렬이다. 이 때 계수행렬이 가역이어서 역행렬을 갖는다면(행렬식이 0이 아니면)

$$A^{-1}(AX)=(A^{-1}A)X=IX=X=A^{-1}Y \tag{8.13}$$

로부터 연립일차방정식의 해를 구할 수 있다.

> 정리 **8.6** 미지수와 방정식이 모두 n개인 연립일차방정식 $AX = Y$의 계수행렬 A의 행렬식이 0이 아니면 연립방정식 $AX = Y$는 단 하나의 해
>
> $$X = A^{-1}Y$$
>
> 를 갖는다.

예제 2. 3개의 미지수와 3개의 방정식을 갖는 연립일차방정식

$$\begin{aligned} x_1 - 2x_2 + x_3 &= 1 \\ 2x_1 + x_2 - x_3 &= 2 \\ x_1 + 2x_2 - x_3 &= 4 \end{aligned}$$

의 계수행렬 A는 $\det A = 2$인 가역행렬로 역행렬을 갖는다.

$$A = \begin{bmatrix} 1 & -2 & 1 \\ 2 & 1 & -1 \\ 1 & 2 & -1 \end{bmatrix}, \qquad A^{-1} = \frac{1}{2}\begin{bmatrix} 1 & 0 & 1 \\ 1 & -2 & 3 \\ 3 & -4 & 5 \end{bmatrix}$$

이므로 식 (8.13)에 의해 주어진 연립일차방정식의 해는

$$\begin{bmatrix} x_1 \\ x_2 \\ x_3 \end{bmatrix} = X = A^{-1}Y = \frac{1}{2}\begin{bmatrix} 1 & 0 & 1 \\ 1 & -2 & 3 \\ 3 & -4 & 5 \end{bmatrix}\begin{bmatrix} 1 \\ 2 \\ 4 \end{bmatrix} = \frac{1}{2}\begin{bmatrix} 5 \\ 9 \\ 15 \end{bmatrix}$$

이다. 즉 해는 $x_1 = \frac{5}{2}$, $x_2 = \frac{9}{2}$, $x_3 = \frac{15}{2}$이다.

[연습문제 27]

1. 다음 연립일차방정식의 계수행렬을 쓰고, 행연산을 이용하여 해를 구하여라.

(a) $\begin{cases} -x + 2y - 3z = 1 \\ 2x - 2y + z = 2 \\ x - 2y + 5z = 3 \end{cases}$ (b) $\begin{cases} 4x + 2y + z = -1 \\ -2x + y + 3x = 4 \\ 2x - 3y = 1 \end{cases}$

2. 다음 연립일차방정식의 계수행렬의 역행렬과 방정식의 해를 구하여라.

(a) $\begin{cases} 3x - 4y = 20 \\ -5x + 8y = -36 \end{cases}$ (b) $\begin{cases} x - 2y = -5 \\ 2x - y = -1 \end{cases}$

(c) $\begin{cases} x + y - z = 0 \\ 2x - y = 10 \\ x + y + 2z = 4 \end{cases}$ (d) $\begin{cases} 3x + 2y - 2z = 1 \\ -x + y + 4z = 13 \\ 2x - 3y + 4z = 8 \end{cases}$

3. 계수행렬 A가 $n \times n$ 가역행렬일 때 연립일차방정식 $AX = O$는 $X = O$ 만 해로 가짐을 설명하여라.

[8장 연습문제]

1. 다음 연립일차방정식을 행렬을 이용하여 $AX = B$의 형태로 나타내어라.

(a) $\begin{cases} 3x + y - 2z = 5 \\ x - 2y + 3z = 1 \\ x - 2y - z = -2 \end{cases}$ (b) $\begin{cases} w + x + y - z = 0 \\ 3w + 3x - y + 2z = 7 \\ -w + x + 2y - 2z = -1 \\ w + 3z = 9 \end{cases}$

2. 행렬 A, B, C에 대해 다음을 구하여라.

$$A = \begin{bmatrix} 1 & 0 & 1 \\ 2 & -1 & 0 \\ 2 & -1 & 2 \end{bmatrix} \qquad B = \begin{bmatrix} -2 & 1 \\ -1 & 0 \\ -3 & 2 \end{bmatrix} \qquad C = \begin{bmatrix} 3 & -1 & 1 \\ 2 & -2 & 5 \end{bmatrix}$$

(a) AB (b) BC (c) CA (d) $B(2C)$ (e) ABC

3. 위 문제 2의 행렬 A에 대해 다음을 구하여라.

(a) $\det A$ (b) $\det(3A)$ (c) A^{-1} (d) $\det A^{-1}$

4. 아래 연립일차방정식에 대해 다음에 답하여라.

$$\begin{cases} x + y + 2z = 2 \\ 2x - 2y + 3z = -1 \\ x + y + 4z = 0 \end{cases}$$

(a) 위 방정식을 $AX = B$의 꼴로 나타내어라.

(b) $\det A$를 구하여라.

(c) A^{-1}를 구하여라.

(d) $A^{-1}B$를 구하여라.

(e) 방정식의 해를 구하여라.

5. 정리 8.4를 이용하여 다음 행렬의 행렬식을 구하여라.

(a) $\begin{bmatrix} 1 & 2 & 4 \\ 2 & 3 & 7 \\ 1 & 2 & 4 \end{bmatrix}$ (b) $\begin{bmatrix} 1 & 2 & 4 \\ 2 & 4 & 8 \\ 2 & 3 & 7 \end{bmatrix}$ (c) $\begin{bmatrix} 1 & 2 & 4 \\ 2 & 4 & 8 \\ 3 & 6 & 12 \end{bmatrix}$

[부록] 삼각함수와 관련된 등식과 삼각함수, 지수함수, 로그함수, 쌍곡선 함수를 포함한 기본적인 함수의 미분과 적분표를 포함하고 있습니다.

■ 삼각함수

A. 삼각함수표

deg(rad)	$0°(0)$	$30°(\frac{\pi}{6})$	$45°(\frac{\pi}{4})$	$60°(\frac{\pi}{3})$	$90°(\frac{\pi}{2})$
sin	0	$\frac{1}{2}$	$\frac{1}{\sqrt{2}}$	$\frac{\sqrt{3}}{2}$	1
cos	1	$\frac{\sqrt{3}}{2}$	$\frac{1}{\sqrt{2}}$	$\frac{1}{2}$	0
tan	0	$\frac{1}{\sqrt{3}}$	1	$\sqrt{3}$	∞

B. 삼각함수의 각변환

1. $\sin(-x) = -\sin x \qquad \cos(-x) = \cos x \qquad \tan(-x) = -\tan x$

2. $\sin(\pi + x) = -\sin x \qquad \cos(\pi + x) = -\cos x \qquad \tan(\pi + x) = \tan x$

3. $\sin(\pi - x) = \sin x \qquad \cos(\pi - x) = -\cos x \qquad \tan(\pi - x) = -\tan x$

4. $\sin(\frac{\pi}{2} + x) = \cos x \qquad \cos(\frac{\pi}{2} + x) = -\sin x \qquad \tan(\frac{\pi}{2} + x) = -\cot x$

5. $\sin(\frac{\pi}{2} - x) = \cos x \qquad \cos(\frac{\pi}{2} - x) = \sin x \qquad \tan(\frac{\pi}{2} - x) = \cot x$

C. 덧셈정리

1. $\sin(x + y) = \sin x \cos y + \cos x \sin y$

2. $\sin(x - y) = \sin x \cos y - \cos x \sin y$

3. $\cos(x + y) = \cos x \cos y - \sin x \sin y$

4. $\cos(x - y) = \cos x \cos y + \sin x \sin y$

5. $\tan(x + y) = \dfrac{\tan x + \tan y}{1 - \tan x \tan y}$

6. $\tan(x-y) = \dfrac{\tan x - \tan y}{1+\tan x \tan y}$

D. 곱을 합으로 변환

1. $\sin x \sin y = -\frac{1}{2}[\cos(x+y) - \cos(x-y)]$

2. $\sin x \cos y = \frac{1}{2}[\sin(x+y) + \sin(x-y)]$

3. $\cos x \sin y = \frac{1}{2}[\sin(x+y) - \sin(x-y)]$

4. $\cos x \cos y = \frac{1}{2}[\cos(x+y) + \cos(x-y)]$

E. 합을 곱으로 변환

1. $\sin x + \sin y = 2\sin\dfrac{x+y}{2}\cos\dfrac{x-y}{2}$

2. $\sin x - \sin y = 2\cos\dfrac{x+y}{2}\sin\dfrac{x-y}{2}$

3. $\cos x + \cos y = 2\cos\dfrac{x+y}{2}\cos\dfrac{x-y}{2}$

4. $\cos x - \cos y = -2\sin\dfrac{x+y}{2}\sin\dfrac{x-y}{2}$

F. 배각, 반각변환

1. $\sin 2x = 2\sin x \cos x$ $\quad \cos 2x = 2\cos^2 x - 1 = 1 - 2\sin^2 x$

$\tan 2x = \dfrac{2\tan x}{1-\tan^2 x}$

2. $\sin^2\dfrac{x}{2} = \dfrac{1-\cos x}{2}$ $\quad \cos^2\dfrac{x}{2} = \dfrac{1+\cos x}{2}$ $\quad \tan^2\dfrac{x}{2} = \dfrac{1-\cos x}{1+\cos x}$

G. 사인법칙

$\triangle ABC$의 각 A, B, C의 대변 a, b, c에 대해 $\dfrac{a}{\sin A} = \dfrac{b}{\sin B} = \dfrac{c}{\sin C}$

H. 코사인법칙

1. $a = b\cos C + c\cos B$ $\quad b = c\cos A + a\cos C$ $\quad c = a\cos B + b\cos A$

2. $a^2 = b^2 + c^2 - 2bc\cos A$ $\quad b^2 = a^2 + c^2 - 2ac\cos B$ $\quad c^2 = a^2 + b^2 - 2ab\cos C$

■ 미분공식

A. 미분법칙

1. $\frac{d}{dx}(c) = 0$

2. $\frac{d}{dx}[af(x) + bg(x)] = af'(x) + bg'(x)$

3. $\frac{d}{dx}[f(x)g(x)] = f(x)g'(x) + f'(x)g(x)$

4. $\frac{d}{dx}\left[\frac{f(x)}{g(x)}\right] = \frac{g(x)f'(x) - f(x)g'(x)}{[g(x)]^2}$

5. $\frac{d}{dx}[f(g(x))] = f'(g(x))g'(x)$

6. $\frac{d}{dx}(x^a) = ax^{a-1}$

B. 지수, 로그함수의 미분

7. $\frac{d}{dx}(e^x) = e^x$

8. $\frac{d}{dx}(a^x) = a^x \ln a$

9. $\frac{d}{dx}(\ln |x|) = \frac{1}{x}$

10. $\frac{d}{dx}(\log_a x) = \frac{1}{x \ln a}$

C. 삼각함수, 역삼각함수의 미분

11. $\frac{d}{dx}(\sin x) = \cos x$

12. $\frac{d}{dx}(\cos x) = -\sin x$

13. $\frac{d}{dx}(\tan x) = \sec^2 x$

14. $\frac{d}{dx}(\csc x) = -\csc x \cot x$

15. $\frac{d}{dx}(\sec x) = \sec x \tan x$

16. $\frac{d}{dx}(\cot x) = -\csc^2 x$

17. $\frac{d}{dx}(\sin^{-1} x) = \frac{1}{\sqrt{1-x^2}}$

18. $\frac{d}{dx}(\cos^{-1} x) = -\frac{1}{\sqrt{1-x^2}}$

19. $\frac{d}{dx}(\tan^{-1} x) = \frac{1}{1+x^2}$

20. $\frac{d}{dx}(\csc^{-1} x) = -\frac{1}{x\sqrt{x^2-1}}$

21. $\frac{d}{dx}(\sec^{-1} x) = \frac{1}{x\sqrt{x^2-1}}$

22. $\frac{d}{dx}(\cot^{-1} x) = -\frac{1}{1+x^2}$

D. 쌍곡선함수, 역쌍곡선함수의 미분

23. $\frac{d}{dx}(\sinh x) = \cosh x$

24. $\frac{d}{dx}(\cosh x) = \sinh x$

25. $\frac{d}{dx}(\tanh x) = \text{sech}^2 x$

26. $\frac{d}{dx}(\text{csch} x) = -\text{csch} x \coth x$

27. $\frac{d}{dx}(\text{sech} x) = -\text{sech} x \tanh x$

28. $\frac{d}{dx}(\coth x) = -\text{csch}^2 x$

29. $\frac{d}{dx}(\sinh^{-1} x) = \frac{1}{\sqrt{1+x^2}}$

30. $\frac{d}{dx}(\cosh^{-1} x) = \frac{1}{\sqrt{x^2-1}}$

31. $\frac{d}{dx}(\tanh^{-1} x) = \frac{1}{1-x^2}$

32. $\frac{d}{dx}(\text{csch}^{-1} x) = -\frac{1}{|x|\sqrt{x^2+1}}$

33. $\frac{d}{dx}(\text{sech}^{-1} x) = -\frac{1}{x\sqrt{1-x^2}}$

34. $\frac{d}{dx}(\coth^{-1} x) = \frac{1}{1-x^2}$

■ 적분표

A. 기본형

1. $\int x^\alpha \, dx = \frac{x^{\alpha+1}}{\alpha+1} + C \quad (\alpha \neq -1)$

2. $\int u \, dv = uv - \int v \, du$

3. $\int e^x = e^x + C$

4. $\int \frac{1}{x} \, dx = \ln|x| + C$

5. $\int a^x \, dx = \frac{a^x}{\ln a} + C$

6. $\int \sin x \, dx = -\cos x + C$

7. $\int \cos x \, dx = \sin x + C$

8. $\int \tan x \, dx = \ln|\sec x| + C$

9. $\int \csc x \, dx = \ln|\csc x - \cot x| + C$

10. $\int \sec x \, dx = \ln|\sec x + \tan x| + C$

11. $\int \cot x \, dx = \ln|\sin x| + C$

12. $\int \sec^2 x \, dx = \tan x + C$

13. $\int \csc^2 x \, dx = -\cot x + C$

14. $\int \sec x \tan x \, dx = \sec x + C$

15. $\int \csc x \cot x \, dx = -\csc x + C$

16. $\int \frac{dx}{\sqrt{a^2 - x^2}} = \sin^{-1}\frac{x}{a} + C$

17. $\displaystyle\int \frac{dx}{a^2+x^2} = \frac{1}{a}\tan^{-1}\frac{x}{a} + C$

18. $\displaystyle\int \frac{dx}{x\sqrt{x^2-a^2}} = \frac{1}{a}\sec^{-1}\frac{x}{a} + C$

19. $\displaystyle\int \frac{dx}{a^2-x^2} = \frac{1}{2a}\ln\left|\frac{x+a}{x-a}\right| + C$

20. $\displaystyle\int \frac{dx}{x^2-a^2} = \frac{1}{2a}\ln\left|\frac{x-a}{x+a}\right| + C$

21. $\displaystyle\int \sin^{-1}x\,dx = x\sin^{-1}x + \sqrt{1-x^2} + C$

22. $\displaystyle\int \cos^{-1}x\,dx = x\cos^{-1}x - \sqrt{1-x^2} + C$

23. $\displaystyle\int \tan^{-1}x\,dx = x\tan^{-1}x - \frac{1}{2}\ln(1+x^2) + C$

B. $\sqrt{a^2+x^2}$, $\sqrt{a^2-x^2}$, $\sqrt{x^2-a^2}$ $(a>0)$를 포함하는 적분.

24. $\displaystyle\int \sqrt{a^2+x^2}\,dx = \frac{x}{2}\sqrt{a^2+x^2} + \frac{a^2}{2}\ln(x+\sqrt{a^2+x^2}) + C$

25. $\displaystyle\int x^2\sqrt{a^2+x^2}\,dx = \frac{x}{8}(a^2+2x^2)\sqrt{a^2+x^2} - \frac{a^4}{8}\ln(x+\sqrt{a^2+x^2}) + C$

26. $\displaystyle\int \frac{\sqrt{a^2+x^2}}{x}\,dx = \sqrt{a^2+x^2} - a\ln\left|\frac{a+\sqrt{a^2+x^2}}{x}\right| + C$

27. $\displaystyle\int \frac{dx}{\sqrt{a^2+x^2}} = \ln(x+\sqrt{a^2+x^2}) + C$

28. $\displaystyle\int \frac{x^2\,dx}{\sqrt{a^2+x^2}} = \frac{x}{2}\sqrt{a^2+x^2} - \frac{a^2}{2}\ln(x+\sqrt{a^2+x^2}) + C$

29. $\displaystyle\int \frac{dx}{x\sqrt{a^2+x^2}} = -\frac{1}{a}\ln\left|\frac{\sqrt{a^2+x^2}+a}{x}\right| + C$

30. $\displaystyle\int \sqrt{a^2-x^2}\,dx = \frac{x}{2}\sqrt{a^2-x^2} + \frac{a^2}{2}\sin^{-1}\frac{x}{a} + C$

31. $\displaystyle\int x^2\sqrt{a^2-x^2}\,dx = \frac{x}{8}(2x^2-a^2)\sqrt{a^2-x^2} + \frac{a^4}{8}\sin^{-1}\frac{x}{a} + C$

32. $\displaystyle\int \frac{\sqrt{a^2-x^2}}{x}\,dx = \sqrt{a^2-x^2} - a\ln\left|\frac{a+\sqrt{a^2-x^2}}{x}\right| + C$

33. $\displaystyle\int \frac{x^2\,dx}{\sqrt{a^2-x^2}} = -\frac{x}{2}\sqrt{a^2-x^2} + \frac{a^2}{2}\sin^{-1}\frac{x}{a} + C$

34. $\displaystyle\int \frac{dx}{x\sqrt{a^2-x^2}} = -\frac{1}{a}\ln\left|\frac{a+\sqrt{a^2-x^2}}{x}\right| + C$

35. $\displaystyle\int \frac{dx}{x^2\sqrt{a^2-x^2}} = -\frac{1}{a^2x}\sqrt{a^2-x^2} + C$

36. $\displaystyle\int \sqrt{x^2-a^2}\,dx = \frac{x}{2}\sqrt{x^2-a^2} - \frac{a^2}{2}\ln|x+\sqrt{x^2-a^2}\,| + C$

37. $\displaystyle\int x^2\sqrt{x^2-a^2}\,dx = \frac{x}{8}(2x^2-a^2)\sqrt{x^2-a^2} - \frac{a^4}{8}\ln|x+\sqrt{x^2-a^2}\,| + C$

38. $\displaystyle\int \frac{\sqrt{x^2-a^2}}{x}\,dx = \sqrt{x^2-a^2} - a\cos^{-1}\frac{a}{|x|} + C$

39. $\displaystyle\int \frac{dx}{\sqrt{x^2-a^2}} = \ln|x+\sqrt{x^2-a^2}\,| + C$

40. $\displaystyle\int \frac{x^2\,dx}{\sqrt{x^2-a^2}} = \frac{x}{2}\sqrt{x^2-a^2} + \frac{a^2}{2}\ln|x+\sqrt{x^2-a^2}\,| + C$

41. $\displaystyle\int \frac{dx}{x^2\sqrt{x^2-a^2}} = \frac{\sqrt{x^2\quad a^2}}{a^2x} + C$

C. $a+bx$를 포함하는 적분.

42. $\displaystyle\int \frac{x\,dx}{a+bx} = \frac{1}{b^2}(a+bx-a\ln|a+bx|) + C$

43. $\displaystyle\int \frac{x^2\,dx}{a+bx} = \frac{1}{2b^3}[(a+bx)^2-4a(a+bx)+2a^2\ln|a+bx|] + C$

44. $\displaystyle\int \frac{dx}{x(a+bx)} = \frac{1}{a}\ln\left|\frac{x}{a+bx}\right| + C$

45. $\displaystyle\int \frac{dx}{x^2(a+bx)} = -\frac{1}{ax} + \frac{b}{a^2}\ln\left|\frac{a+bx}{x}\right| + C$

46. $\displaystyle\int \frac{x\,dx}{(a+bx)^2} = \frac{a}{b^2(a+bx)} + \frac{1}{b^2}\ln|a+bx| + C$

47. $\displaystyle\int \frac{dx}{x(a+bx)^2} = \frac{1}{a(a+bx)} - \frac{1}{a^2}\ln\left|\frac{a+bx}{x}\right| + C$

48. $\displaystyle\int x\sqrt{a+bx}\,dx = \frac{2}{15b^2}(3bx-2a)(a+bx)^{3/2} + C$

49. $\displaystyle\int x^n\sqrt{a+bx}\,dx = \frac{2}{b(2n+3)}\left[x^n(a+bx)^{3/2} - na\int x^{n-1}\sqrt{a+bx}\,dx\right]$

50. $\displaystyle\int \frac{x\,dx}{\sqrt{a+bx}} = \frac{2}{3b^2}(bx-2a)\sqrt{a+bx}) + C$

51. $\displaystyle\int \frac{x^n\,dx}{\sqrt{a+bx}} = \frac{2x^n\sqrt{a+bx}}{b(2n+1)} - \frac{2na}{b(2n+1)}\int \frac{x^{n-1}\,dx}{\sqrt{a+bx}}$

52. $\displaystyle\int \frac{dx}{x\sqrt{a+bx}} = \begin{cases} \frac{1}{\sqrt{a}}\ln\left|\frac{\sqrt{a+bx}-\sqrt{a}}{\sqrt{a+bx}+\sqrt{a}}\right| + C, & a>0 \\ \frac{2}{\sqrt{-a}}\tan^{-1}\sqrt{\frac{a+bx}{-a}} + C, & a<0 \end{cases}$

53. $\displaystyle\int \frac{dx}{x^n\sqrt{a+bx}} = -\frac{\sqrt{a+bx}}{a(n-1)x^{n-1}} - \frac{b(2n-3)}{2a(n-1)}\int \frac{dx}{x^{n-1}\sqrt{a+bx}}$

D. 삼각함수, 역삼각함수를 포함하는 적분.

54. $\displaystyle\int \sin^2 x\,dx = \frac{1}{2}x - \frac{1}{4}\sin 2x + C$

55. $\displaystyle\int \cos^2 x\,dx = \frac{1}{2}x + \frac{1}{4}\sin 2x + C$

56. $\displaystyle\int \tan^2 x\,dx = \tan x - x + C$

57. $\displaystyle\int \cot^2 x\,dx = -\cot x - x + C$

58. $\displaystyle\int \sin^n x\,dx = -\frac{1}{n}\sin^{n-1}x\,\cos x + \frac{n-1}{n}\int \sin^{n-2}x\,dx$

59. $\displaystyle\int \cos^n x\,dx = \frac{1}{n}\cos^{n-1}x\,\sin x + \frac{n-1}{n}\int \cos^{n-2}x\,dx$

60. $\displaystyle\int \tan^n x\,dx = \frac{1}{n-1}\tan^{n-1}x - \int \tan^{n-2}x\,dx$

61. $\displaystyle\int \cot^n x\,dx = -\frac{1}{n-1}\cot^{n-1}x - \int \cot^{n-2}x\,dx$

62. $\displaystyle\int \sec^n x\,dx = \frac{1}{n-1}\tan x\,\sec^{n-2}x + \frac{n-2}{n-1}\int \sec^{n-2}x\,dx$

63. $\displaystyle\int \csc^n x\,dx = -\frac{1}{n-1}\cot x\,\csc^{n-2}x + \frac{n-2}{n-1}\int \csc^{n-2}x\,dx$

64. $\displaystyle\int x\sin x\,dx = \sin x - x\cos x + C$

65. $\displaystyle\int x\cos x\,dx = \cos x + x\sin x + C$

66. $\displaystyle\int x^n \sin x\,dx = -x^n\cos x + n\int x^{n-1}\cos x\,dx$

67. $\displaystyle\int x^n \cos x\,dx = x^n\sin x - n\int x^{n-1}\sin x\,dx$

68. $\displaystyle\int \sin ax\,\sin bx\,dx = \frac{\sin(a-b)x}{2(a-b)} - \frac{\sin(a+b)x}{2(a+b)} + C$

69. $\displaystyle\int \sin ax\,\cos bx\,dx = -\frac{\cos(a-b)x}{2(a-b)} - \frac{\cos(a+b)x}{2(a+b)} + C$

70. $\displaystyle\int \cos ax\,\cos bx\,dx = \frac{\sin(a-b)x}{2(a-b)} + \frac{\sin(a+b)x}{2(a+b)} + C$

71. $\displaystyle\int x\sin^{-1}x\,dx = \frac{2x^2-1}{4}\sin^{-1}x + \frac{x\sqrt{1-x^2}}{4} + C$

72. $\displaystyle\int x\cos^{-1}x\,dx = \frac{2x^2-1}{4}\cos^{-1}x - \frac{x\sqrt{1-x^2}}{4} + C$

73. $\displaystyle\int x\tan^{-1}x\,dx = \frac{x^2+1}{2}\tan^{-1}x - \frac{x}{2} + C$

E. 지수함수, 로그함수를 포함하는 적분.

74. $\displaystyle\int xe^{ax}\,dx = \frac{1}{a^2}(ax-1)e^{ax} + C$

75. $\displaystyle\int x^n e^{ax}\,dx = \frac{1}{a}x^n e^{ax} - \frac{n}{a}\int x^{n-1}e^{ax}\,dx$

76. $\displaystyle\int e^{ax}\sin bx\,dx = \frac{e^{ax}}{a^2+b^2}(a\sin bx - b\cos bx) + C$

77. $\displaystyle\int e^{ax}\cos bx\,dx = \frac{e^{ax}}{a^2+b^2}(a\cos bx + b\sin bx) + C$

78. $\displaystyle\int \ln x\,dx = x\ln x - x + C$

79. $\int x^n \ln x\, dx = \dfrac{x^{n+1}}{(n+1)^2}[(n+1)\ln x - 1] + C$

80. $\int \dfrac{1}{x \ln x}\, dx = \ln|\ln x| + C$

F. 쌍곡선함수를 포함하는 적분.

81. $\int \sinh x\, dx = \cosh x + C$

82. $\int \cosh x\, dx = \sinh x + C$

83. $\int \tanh x\, dx = \ln \cosh x + C$

84. $\int \coth x\, dx = \ln|\sinh x| + C$

85. $\int \operatorname{sech} x\, dx = \tan^{-1}|\sinh x| + C$

86. $\int \operatorname{csch} x\, dx = \ln|\tanh \dfrac{x}{2}| + C$

87. $\int \operatorname{sech}^2 x\, dx = \tanh x + C$

88. $\int \operatorname{csch}^2 x\, dx = -\coth x + C$

89. $\int \operatorname{sech} x \tanh x\, dx = -\operatorname{sech} x + C$

90. $\int \operatorname{csch} x \coth x\, dx = -\operatorname{csch} x + C$

[답안] 일부 연습문제의 답안과 풀이 방법에 대한 아이디어를 포함하고 있습니다. 제시된 풀이법은 여러 가지 해결 방법 가운데 하나일 뿐입니다.

1. 함수의 극한과 연속

1. 함수

1. (a) $\text{Dom}(f) = [-1, 3]$, $\text{Ran}(f) = [0, 2]$

(b) $\text{Dom}(f) = \text{Ran}(f) = (-\infty, 1) \cup (1, \infty)$

2. $x \neq 1$일 때 $f(x) = g(x)$, $f(1) = 2$이지만 g는 $x = 1$에서 정의되지 않는다.

3. (a) $\{y \in \mathbb{R} : y \geq \frac{3}{4}\}$ (b) $\{x \in \mathbb{R} : x \geq -\frac{1}{2}\}$

4. (a) $0 \leq x_1, x_2 < 1$일 때 $f(x_1) = f(x_2) \Leftrightarrow (x_1 + x_2)(x_1 - x_2) = 0 \Leftrightarrow x_1 = x_2$

(b) $0 \leq y < 1$일 때 $0 \leq \sqrt{y} < 1$이고 $f(\sqrt{y}) = y$이다.

6. 우함수: (a), (e) 기함수: (c), (d)

8. (a) $f(-x) - \sum_{k=1}^{n} a_k(-x)^{2k} - \sum_{k=1}^{n} a_k x^{2k} = f(x)$

10. f가 주기 p인 함수이면 $f(x) = f(x + p)$이므로 일대일 함수가 아니다.

11. (a) $\text{Dom}(f) = (-\infty, \infty)$, $\text{Dom}(g) = [0, \infty)$

(b) $\text{Dom}(g \circ f) = (-\infty, -1] \cup [1, \infty)$ (c) $\sqrt{15}$

12. (a) $f(x) = x^2 + x - 1$, $g(x) = x^3$, (b) $f(x) = x^2 - 1$, $g(x) = \cos x$

(c) $f(x) = x^2 + 2$, $g(x) = \frac{1}{\sqrt{x}}$

13. (a) 일대일 함수가 아니다. $f(-\sqrt{1/2}) = f(\sqrt{1/2})$ (b) $f^{-1}(x) = \sqrt{x - 1}$

14. $f(x) = \cos x$는 $[0, \pi]$에서 감소하고(일대일 함수), $[-1, 1]$ 위로의 함수이므로 역함수 $f^{-1} : [-1, 1] \to [0, \pi]$를 정의할 수 있다.

2. 함수의 극한

1. (a) 성립안함(왼쪽 변은 $x = 1$에서 정의되지 않음) (b) 성립함

2. (a) $0 < x - 2 < \frac{1}{10}$ (b) $0 < x - 2 < 10^{-\frac{5}{3}}$

3. (a) 5 (c) 1 (e) $\sqrt{2}$ (f) 존재안함

4. (a) $-\frac{1}{3}$ (c) 0 (e) 3 **5.** (a) 0 (b) 0 (c) 존재안함

6. (a) 5, -5 (b) 존재안함

7. $\lim_{x\to a} f(x) = L \Leftrightarrow \lim_{x\to a}[f(x) - L] = 0 \Leftrightarrow \lim_{x\to a} |f(x) - L| = 0$

8. (a) $\lim_{x\to\infty} x^2$이 존재하지 않고,

(b) $\lim_{x\to 0} \sin\dfrac{1}{x}$이 존재하지 않으므로 정리 1.8을 적용할 수 없다.

9. $a = 15$, 극한값:-1

10. $-|x|^3 \le f(x) \le |x|^3$이므로 조임정리에 의해 $\lim_{x\to 0} f(x) = 0$이다.

11. $\lim_{x\to 1} 2x = 2 = \lim_{x\to 1}(x^4 - x^2 + 2)$이므로 $\lim_{x\to 1} f(x) = 2$이다.

3. 연속함수

1. (a) 연속 (b) 불연속

2. $x \neq 0$일 때 x^2, $\cos\frac{1}{x}$는 연속이므로 f는 $x \neq 0$인 점에서 연속이다. 또 $-x^2 \le x^2\cos\frac{1}{x} \le x^2$이고 $\lim_{x\to 0} f(x) = 0 = f(0)$이므로 f는 $x = 0$에서도 연속이다.

3. (a) $x = -1, \ -3$ (b) $x = (2n + \frac{3}{2})\pi,\ n \in \mathbb{Z}$ (c) $x = [(n + \frac{1}{2})\pi]^2,\ n \in \mathbb{Z}$

5. (a) $-e$ (b) 0 (c) $4\sqrt{7}$

6. $\lim_{x\to 2^-} = 4a + 4$와 $\lim_{x\to 2^+} = 8 - 2a$가 같아야하기 때문에 $a = \frac{2}{3}$이다.

7. (a) $x = a + h$라 하면 $x \to a \ \Leftrightarrow \ h \to 0$이다.

8. 0이 $f(a)$, $f(b)$사이에 있으므로 중간값 정리에 의해 $f(x) = 0$는 구간 (a, b)에서 해를 갖는다.

9. f는 실수 전체에서 연속인 함수이고 $f(0) < 1000 < f(100)$이므로 중간값 정리에 의해 $f(c) = 1000$인 $c \in (0, 100)$가 존재한다.

10. $f(x) = \cos x - x$라 하면 f는 연속함수이고 $f(0) = 1 > 0 > -1 - \pi = f(\pi)$이므로 중간값 정리에 의해 $f(x) = 0$는 구간 $(0, \pi)$에서 해를 갖는다.

13. (a) $f(0) = 0 \le x^2 = f(x)$이므로 f는 $x = 0$에서 최솟값 0을 갖는다.

(b) $f(a)$가 최댓값이라 가정하자. $f(a) = a^2 < c < 1$인 c가 존재하고 $0 < \sqrt{c} < 1$이고 $f(\sqrt{c}) = c$이므로 가정에 모순이다. f는 최댓값을 갖지 않는다.

[1장 연습문제]

1. (a) 정의역 $(1,2)\cup(2,6]$, 치역 $[-1,4]$ (b) $\lim_{x\to 2^-} f(x)=1$, $\lim_{x\to 5} f(x)=3$

(c) $x=2, 5$ (d) 최댓값 $f(4)=4$, 최솟값 $f(6)=-1$

3. 우함수: (b), 기함수: (d)

4. (a) $f(x)=\sin x$, $g(x)=x^3$ (b) $f(x)=x^2+1$, $g(x)=\sqrt[3]{x}$

(c) $f(x)=\frac{x-1}{x+1}$, $g(x)=\tan x$

6. (a) 6 (b) -4 (c) 존재안함$(-\infty)$

7. (a) 0 (b) 0 **9.** 8

10. $\lim_{x\to 1}(2x-1)=\lim_{x\to 1} f(x)=\lim_{x\to 1} x^2=1$

11. $x\sin\frac{1}{x}$는 $x\neq 0$에서 연속이다. 또 조임정리에 의해 $\lim_{x\to 0} f(x)=\lim_{x\to 0} x\sin\dfrac{1}{x}=0=f(0)$이므로 f는 연속함수이다.

12. (a) f는 정의역 $[0,\infty)$에서 연속이다.

(b) g는 정의역 $(-\infty,-3)\cup[3,\infty)$에서 연속이다.

15. (a) $f(x)=x^5+3x^4-2x^3+2x-3$은 연속함수이고 $f(0)=-3<0<1=f(1)$이므로 중간값 정리에 의해 $f(x)=0$는 구간 $(0,1)$에서 해를 갖는다.

(c) $f(x)=\sqrt[3]{x}+x-1$은 연속함수이고 $f(0)=-1<0<1=f(1)$이므로 중간값 정리에 의해 $f(x)=0$는 구간 $(0,1)$에서 해를 갖는다.

16. (a) $\lim_{n\to\infty} f(a_n)=0$ (b) $\lim_{n\to\infty} f(b_n)=1$

(c) (a_n), (b_n)은 모두 0에 수렴하지만 $\lim_{n\to\infty} f(a_n)\neq\lim_{n\to\infty} f(b_n)$이므로 $\lim_{x\to 0} f(x)$는 존재하지 않는다.

(d) 위 (c)에 의해 연속이 아니다.

2. 미분

4. 미분과 변화율

2. (a) $y=4x-1$ (b) $y=\frac{x}{3}+\frac{2}{3}$

3. (a) $f(x)=x^3$, $a=2$ (b) $f(x)=x^4-2x$, $a=1$ (c) $f(x)=x^2$, $a=2$
(d) $f(t)=t^3+t$, $a=1$

5. (a) $f'(x) = -2\,(x < \frac{1}{2})$, $f'(x) = 2\,(x > \frac{1}{2})$, $x = \frac{1}{2}$에서 미분불가능
(c) $f'(x) = 2\,(x < 0)$, $f'(x) = -2x\,(x > 0)$, $x = 0$에서 미분불가능

6. (b) 정의역은 $(-\infty, \infty)$이고, $f'(0) = 0$, $f'(x) = -2x\,(x < 0)$, $f'(x) = 2x\,(x > 0)$이다.

7. $f(4) = 3$, $f'(4) = \frac{1}{4}$

8. 미분가능하다. $\lim_{x\to 0^-} \dfrac{f(x) - f(0)}{x - 0} = 0 = \lim_{x\to 0^+} \dfrac{f(x) - f(0)}{x - 0} = f'(0)$임을 보일 수 있다.

5. 미분법

1. (a) 0 (c) $-\frac{2x+2\sqrt{x}+1}{2\sqrt{x}(2x-1)^2}$

3. (a) $5(x^3 - 2x - 1)^4(3x^2 - 2)$ (c) $\frac{3-12x}{(2x^2-x+3)^4}$ (e) $\frac{2\sqrt{x}+1}{4\sqrt{x}\sqrt{x+\sqrt{x}}}$

5. $\frac{3}{4}$

6. $[g(f(x))]'' = [g'(f(x))f'(x)]' = g''(f(x))[f'(x)]^2 + g'(f(x))f''(x)$

7. (a) $y' = \frac{-\sqrt{y}}{2\sqrt{x}}$ (c) $y' = \frac{y}{x-y^2}$

8. $y'' = \frac{-3x^2}{y^7}$ **9.** $(f^{-1})'(3) = \frac{1}{f'(1)} = \frac{1}{8}$

11. $\frac{1}{7}$ **12.** $\frac{1}{2}$

13. $g''(x) = [\frac{1}{f'(g(x))}]' = \frac{-f''(g(x))g'(x)}{[f'(g(x))]^2} = -\frac{f''(g(x))}{[f'(g(x))]^3}$

6. 삼각함수, 역삼각함수의 미분

1. (a) 1 (b) $\frac{3}{5}$ (c) 1

2. (a) $\frac{\cos x}{2\sqrt{x}} - \sqrt{x}\sin x$ (b) $6x\cos x - \frac{1}{x^2}\sec\frac{1}{x}\tan\frac{1}{x}$

3. (a) $y = x - \pi - 1$ (b) $y = 2x - \pi$

4. $f''(\theta) = \sec\theta(\tan^2\theta + \sec^2\theta)$, $3\sqrt{2}$

5. $y' = \frac{\cos x}{3(1+\sin x)^{2/3}} = 0$인 점 $x = n\pi + \frac{\pi}{2}$

6. (a) $\frac{\pi}{2}$ (b) 0 (c) $\frac{\pi}{2}$

7. 밑변이 1, 높이가 x인 직각삼각형의 빗변은 $\sqrt{1+x^2}$이다. $\tan\theta = x$라 하면, $\cos(\tan^{-1}x) = \cos\theta = \frac{1}{\sqrt{1+x^2}}$이다.

9. (a) $-\frac{1}{(\sin^{-1}x)^2\sqrt{1-x^2}}$ (b) $\tan^{-1}\sqrt{x} + \frac{\sqrt{x}}{2+2x}$

10. $y = \cot^{-1} x$라 하면 $x = \cot y$이다. $1 = -y' \csc^2 y$로부터
$(\cot^{-1} x)' = y' = -\frac{1}{\csc^2 y} = -\frac{1}{1+\cot^2 y} = -\frac{1}{1+x^2}$

7. 지수, 로그함수의 미분

1. (a) $-\frac{1}{5}$ (b) 0 **2.** (a) $e^x(1+x)$

3. (a) $\frac{1}{1+x}$ (c) $\frac{1}{(1+x)\ln 10}$ (e) $(5\ln 3)3^{5x}$

4. (a) $\ln y = \frac{1}{2}[\ln \sin x - \ln(1+x^2)] \Rightarrow \frac{y'}{y} = \frac{1}{2}(\cot x - \frac{2x}{1+x^2})$
$\Rightarrow y' = \frac{1}{2}\sqrt{\frac{\sin x}{1+x^2}}(\cot x - \frac{2x}{1+x^2})$
(c) $y' = (\cos x)^{\ln x}(\frac{1}{x}\ln\cos x - \tan x \ln x)$

5. (a) $x^{\sqrt{x}}(\frac{2+\ln x}{2\sqrt{x}})$

6. $f(1) = e,\ f'(1) = 1 + e$이므로 $(f^{-1})'(e) = \frac{1}{1+e}$이다.

7. $f'(x) = \lim_{h\to 0}\dfrac{a^{x+h} - a^x}{h} = a^x \lim_{h\to 0}\dfrac{a^h - a^0}{h} = f'(0)a^x$

8. $y' = e^x - \frac{1}{2}e^{-x/2},\ y'' = e^x + \frac{1}{4}e^{-x/2}$이므로 $-2y'' + y' = -e^x - e^{-x/2} = -y$이다.

[2장 연습문제]

1. (a) 5 (b) 4 (c) 4

2. (a) $f(x) = x^4,\quad a = 2$ (b) $y = 32x - 48$

3. 미분가능한 함수이다. $x \le 0$일 때 $f'(x) = 0$, $x > 0$일 때 $f'(x) = 2x$이다.

5. $f'(x) = \lim_{h\to 0}\dfrac{\sqrt{2(x+h)} - \sqrt{2x}}{h} = \lim_{h\to 0}\dfrac{2h}{h(\sqrt{2(x+h)} + \sqrt{2x})} = \dfrac{1}{\sqrt{2x}}$

6. $32\cos 2x$

7. (a)$f'(x) = 2x - csc^2 x$ (c) $f'(x) = \frac{2-2x^2}{(1+x^2)^2}$ (e) $f'(x) = \frac{\cot x}{2\ln 2}$

8. $\frac{1}{5}$

9. (a) $y = x + 2$ (b) $y' = -\frac{2xy^2+y}{2x^2y+x} = -1$로부터 $(1,1),\ (-1,-1)$

10. (a) $\frac{2}{3}$ (b) 0 (c) 1

11. (a) $y' = \cos 2x$ (c) $y' = \frac{6x}{1+(3x^2-1)^2}$ (e) $y' = \frac{y}{\cos y - x}$

13. (a) 2 (c) 0 (e) 1

15. (a) $f'(\theta) = -\csc^2\theta\, e^{\cot\theta}$ (c) $f'(x) = (\cos x)^x(\ln\cos x - x\tan x)$
(e) $f'(t) = -\frac{e^{1/x}}{x^3}(x+1)$

16. (a) $f'(1) = 1 = \lim_{x\to1}\dfrac{\ln x - \ln 1}{x-1} = \lim_{t\to0}\dfrac{\ln(1+t)}{t} = \lim_{t\to0}\ln(1+t)^{1/t}$

18. (a) $f(-x) = \ln(-x+\sqrt{1+x^2}) = \ln\frac{(-x+\sqrt{1+x^2})(x+\sqrt{1+x^2})}{(-x+\sqrt{1+x^2})}$
$= \ln\frac{1}{(x+\sqrt{1+x^2})} = -f(x)$
(b) $f^{-1}(x) = \frac{e^x - e^{-x}}{2}$

3. 미분의 응용

8. 평균값 정리

1. $f(x) = 2x^3+4x+\cos x$라 하면 $f(-1)f(1) < 0$이므로 중간값 정리에 의해 $(-1,1)$에서 해를 갖는다. 그런데 $f'(x) = 6x^2+4-\sin x > 0$이므로 $f(x) = 0$는 꼭 하나의 해를 갖는다.

2. $f(x) = e^x(x+1)(x-2)$라 하면 f는 미분가능하고 $f(-1) = f(2) = 0$이므로 롤의 정리에 의해 $(-1,2)$에 $f'(c) = 0$인 점 c가 있다.

4. $|\cos x - \cos y| = |-\sin c\cdot(x-y)| \le |x-y|$이다. c는 평균값 정리를 만족하는 x, y사이에 있는 수이다.

5. $g(x) = \alpha x$라고 하면 $g'(x) = f'(x)$이므로 $f(x) = g(x)+\beta = \alpha x+\beta$이다.

6. 평균값 정리에 의해 $e^h - e^0 = he^c$인점 $c \in (0,h)$가 존재한다. e^x는 증가함수이므로 $e^c < e^h$이다. 그러므로 $e^h - 1 < he^h$이다.

7. (a) $g(a) = g(b)$이면 평균값 정리에 의해 $g'(x) = 0$인 점 $x \in (a,b)$가 있어야 한다.
(b) F는 $[a,b]$에서 연속, (a,b)에서 미분가능하며, $F(a) = 0 = F(b)$이므로 롤의 정리에 의해 $F'(c) = 0$인 점 $c \in (a,b)$가 존재한다.

8. $g(x) = f(x) - x$라고 하면 $g'(x) = f'(x) - 1 \ne 0$이다.

9. $\lim_{x\to0}\frac{\cos x}{x}$은 로피탈의 법칙을 적용할 수 있는 $\frac{0}{0}$, $\frac{\infty}{\infty}$꼴이 아니다.

10. (a) $\frac{1}{2}$ (b) $\frac{1}{6}$ (c) 1 **11.** (a) 1 (b) $\frac{1}{\sqrt{e}}$ (c) 1

9. 함수의 그래프

2. $f(x) = \cos x - 1 + \frac{x^2}{2}$라 하면 $f(0) = 0$이고 $f'(x) = -\sin x + x > 0$이므로 f는 $(0,\frac{\pi}{2})$에서 증가한다. 그러므로 $f(x) > 0$이다.

3. (a) 0 (b) $-1, 0, 1$ (c) 0

4. 극댓값 $f(0) = 1$, 극솟값 $f(\pm 1) = 0$, 최댓값 $f(3) = 4$, 최솟값 $f(\pm 1) = 0$

5. $a = \frac{1}{4}$, 극솟값 2 6. $f(x) = x^3,\ a = 0$ 8. $f(\frac{a}{a+b}) = \frac{a^a b^b}{(a+b)^{a+b}}$

10. 미분의 응용

2. (a) 15.968 (b) 10.003 (c) 0.965

3. (a) $\Delta y = 0.64$, $dy = 0.8$ (b) $\Delta y = -0.1$ $dy = -0.125$

5. $a_3 = 2.0946$ 7. $r = \sqrt[3]{\frac{500}{\pi}}$ cm)

[3장 연습문제]

2. $1 \le \frac{f(3)-f(0)}{3-0} = \frac{f(3)-1}{3} \le 2$로부터 $4 \le f(3) \le 7$이다.

3. $\frac{f(3)-f(-1)}{3-(-1)} = 3 < f'(x)$이므로 평균값 정리를 만족하지 않는다.

5. $\frac{\tan^{-1} x - \tan^{-1} 0}{x} = \frac{\tan^{-1} x}{x} = \frac{1}{1+c^2}$, $0 < c < x$이므로 $\frac{x}{1+x^2} < \tan^{-1} x < x$이다.

7. (a) 0 (b) 0 (c) $\frac{1}{2}$ 9. 0

11. (a) 증가구간: $(-2, -1)$, $(0, 1)$ 감소구간: $(-1, 0)$ 극댓값: $f(-1) = 0$ 극솟값: $f(0) = -1$ 최댓값: $f(1) = 4$ 최솟값: $f(-2) = -5$

(c) 증가구간: $(0, 2\pi/3)$ 감소구간: $(2\pi/3, \pi)$ 극댓값: $f(\frac{2}{3}\pi) = 5/4$ 최댓값: $f(\frac{2}{3}\pi) = 5/4$ 최솟값: $f(0) = -1$

12. (a) 1개($\frac{f(3)-f(-3)}{6} = f'(c) \ge \frac{1}{2}$이다. 따라서 $f(-3) \le -1$이고, $f(-3)f(3) < 0$이므로 중간값 정리에 의해 해를 갖고 f가 증가함수이므로 단 하나의 해를 갖는다.
(b) 아니다.($f'(x)$는 감소함수이다.)

14. $f(x) = 2\sqrt{x} - 3 + \frac{1}{x}$라 하면 $f(1) = 0$, $f'(x) > 0$이므로 $f(x) > 0$이다.

15. $f(x) = 3x + 2\cos x + 5$라 하면, $f(0)f(\pi) < 0$, $f'(x) > 0$이므로 단 하나의 해를 갖는다.

16. 8.49 18. $3\sqrt{3}\, r^2$

4. 적분

11. 적분

1. $\frac{2}{5}x^{5/2} + \frac{3}{5}$

2. $v(t) = t^2 + 3t - 2,\ s(t) = \frac{1}{3}t^3 + \frac{3}{2}t^2 - 2t + 7$

3. (b) $\ln|x| + 2\sqrt{x} + C$ (c) $-\frac{1}{2}\cos 2x - \tan x + C$ (d) $\frac{7^x}{\ln 7} - \frac{2}{3}x\sqrt{x} + C$

5. $\int_0^1 \sin(2\pi x)\,dx$ **6.** (a) $\frac{1}{2}$ (b) -1

7. (a) $[0, \frac{\pi}{4}]$에서 곡선 $y = \cos x$와 $y = \sin x$ 사이의 넓이 (b) 원점을 중심으로 하고 반지름이 1인 상반원의 넓이

8. 아니다.(예제 6 참고)

9. f는 $[a, b]$에서 연속이므로 적분가능하므로 $\int_a^b f(x)\,dx$는 리만합의 극한과 같다.

12. 미적분학의 기본정리

1. (a) 3 (b) $\frac{13}{12}$ (c) 1 (d) 2

3. $\displaystyle\int_0^x |\cos t|\,dt < \int_0^x 1\,dt = x$ **4.** $c = 2$

5. $\sin e^t$는 연속함수이므로 미적분학의 기본정리에 의해 F는 실수전체에서 미분가능한 함수이다. 그러므로 $F(x)$는 $x = 1$에서 연속이다.

6. (a) $\cos\pi = -1$ (b) $-e$

7. $F(x) = \int_0^x f(t)\,dt$라 하면

$$\int_{\alpha(x)}^{\beta(x)} f(t)\,dt = \int_0^{\beta(x)} f(t)\,dt - \int_0^{\alpha(x)} f(t)\,dt = F(\beta(x)) - F(\alpha(x))$$

이다.

8. (a) $9x\sin 3x - 4x\sin 2x$ (c) $-e^{\sin^2 x}\cos x$

9. x_0가 $[a, b]$의 한 점이라 하자. f는 적분가능하므로 유계이고 $[a, b]$에서 $|f(x)| \le M$인 $M > 0$이 존재한다. 그러므로

$$\lim_{x\to x_0} |F(x) - F(x_0)| = \lim_{x\to x_0} \left|\int_{x_0}^x f(t)\,dt\right| \le \lim_{x\to x_0} M\,|x - x_0| = 0$$

이다. 즉 $\displaystyle\lim_{x\to x_0} F(x) = F(x_0)$이다.

[4장 연습문제]

1. (d) $2\sqrt{x}-\frac{6}{5}x^{5/6}+C$ (f) $\tan x-2\tan^{-1}x+C$ (g) $\ln x^2+e^{3x}+C$

(h) $\frac{3^x}{\ln 3}+\ln|x|+\ln|x+4|+C$

3. (a) $a=0,\ b=3,\ \ f(x)=(2+x)^4$

5. (a) 1 (b) -3

6. (a) $\int_1^3(2t+3)dt=13$ (b) $A(x)=x^2+3x-4$

7. (a) $F(2)=\int_1^2 x^2\,dx=\frac{7}{3}$ (b) $F'(x)=x^2$

8. $2f(x)=2\cos x$이므로 $f(x)=\cos x$, $\sin a=\frac{1}{2}$이므로 $a=\frac{\pi}{6}$

9. $\int_0^1 x^5\,dx=\frac{1}{6}$

5. 적분법

13. 치환적분

1. (a) $\frac{1}{18}(3x-1)^6+C$ (c) $\frac{1}{2}e^{x^2}+C$ (e) $\ln|\ln x|+C$

2. (a) $\frac{1}{6}$ (c) $\ln 7$

3. $\frac{1}{7}(1+x^2)^{7/2}-\frac{2}{5}(1+x^2)^{5/2}+\frac{1}{3}(1+x^2)^{3/2}+C$

4. (a) 5 (b) 2

5. $u=\cos x\Rightarrow du=-\sin x,\ \ \sin x=\sqrt{1-u^2}$

$\Rightarrow \int_0^{\pi/2} f(\cos x)dx=-\int_1^0\frac{1}{\sqrt{1-u^2}}f(u)du=\int_0^1\frac{1}{\sqrt{1-u^2}}f(u)du,$

$s=\sin x\Rightarrow ds=\cos x,\ \ \cos x=\sqrt{1-s^2}$

$\Rightarrow \int_0^{\pi/2} f(\sin x)dx=-\int_0^1\frac{1}{\sqrt{1-s^2}}f(s)ds=\int_0^1\frac{1}{\sqrt{1-s^2}}f(s)ds$

6. $f(x)=x^2$라 하면 $f(\sin x)=sin^2x$이므로 식(5.7)에 의해

$2\int_0^{\pi/2}\sin^2x\,dx=\int_0^{\pi/2}\sin^2x\,dx+\int_0^{\pi/2}\cos^2x\,dx=\int_0^{\pi/2}1\,dx=\frac{\pi}{2}$이다. 그러므로 $\int_0^{\pi/2}\sin^2x\,dx=\int_0^{\pi/2}\cos^2x\,dx=\frac{\pi}{4}$이다.

8. $\frac{\pi^2}{4}$

9. (a) $-\frac{1}{7}\ln|5-7x|+C$ (b) $-e^{\cos t}+C$ (c) $\frac{1}{2}(\tan^{-1}x)^2+C$

(d) $-\cos(\ln x)+C$ (e) 2 (f) $\ln(e+1)$

10. $\frac{\pi}{12}$

14. 부분적분

1. (b) $x(\ln x)^2 - 2x\ln x + 2x + C$ (c) $\frac{1}{3}\ln x - \frac{1}{9}x^3 + C$

(f) $\frac{1}{13}e^{2x}(2\sin 3x - 3\cos 3x) + C$

2. (b) $\frac{1}{4} - \frac{3}{4}e^{-2}$ (c) $\frac{21}{6}(\pi + 6 - 3\sqrt{3})$

3. $\displaystyle\int_1^4 xf''(x)\,dx = xf'(x)]_1^4 - \int_1^4 f'(x)\,dx = 2$

4. $\frac{\pi}{4} - \frac{\ln 2}{2}$

15. 삼각함수의 적분

1. (a) $\frac{1}{2}\cos x - \frac{1}{10}\cos 5x + C$ (c) $\frac{1}{4}\sin^4 x - \frac{1}{6}\sin^6 x + C$ (e) $\tan x - x + C$

2. (b) $\frac{2}{15}$ (c) $\frac{7}{40}$ (d) $\frac{117}{8}$ (e) $\frac{\sqrt{2}}{2}$

3. $\tan x + \frac{2}{3}\tan^3 x + \frac{1}{5}\tan^5 x + C$

5. $\displaystyle\int_0^{\pi/4} \frac{dx}{1-\sin x} = \int_0^{\pi/4} \frac{1+\sin x}{\cos^2 x}\,dx = \int_0^{\pi/4}\left(\sec^2 x + \frac{\sin x}{\cos^2 x}\right)dx = \sqrt{2}$

16. 유리함수의 적분

1. (a) $x + 6\ln|x-6| + C$ (c) $5\ln|x+2| - 4\ln|x+1| + C$

(e) $\ln|x-1| - \frac{1}{2}\ln(x^2+9) - \frac{1}{3}\tan^{-1}\frac{x}{3} + C$

(g) $\frac{1}{8(x^2+4)} + \frac{\ln|x|}{16} - \frac{1}{32}\ln(x^2+4) + C$

2. $\frac{1}{x^2+c^2} = \frac{1}{c^2}\frac{1}{1+(x/c)^2}$이다. $u = \frac{x}{c}$라 하면 $\int \frac{1}{x^2+c^2}\,dx = \frac{1}{c^2}\int \frac{1}{1+u^2}c\,du$

$= \frac{1}{c}\tan^{-1} u + C = \frac{1}{c}\tan^{-1}\frac{x}{c} + C$

17. 이상적분

1. (a) $\displaystyle\int_0^1 \frac{1}{\sqrt{x}}\,dx = \lim_{a\to 0^+}\int_a^1 \frac{1}{\sqrt{x}}\,dx = 2$ (b) π

(c) $\displaystyle\int_{-\infty}^{\infty} \frac{1}{1+x^2}\,dx = 2\lim_{b\to\infty}\int_0^b \frac{1}{1+x^2}\,dx = \pi$ (d) $\frac{\pi}{4}$

3. $p > 1$

4. (a) 발산 (b) 1 (c) 발산 (d) -1 (e) -1

5. $\displaystyle\lim_{a\to 0^+}\int_a^1 \frac{1}{x^2}\,dx = \infty$이므로 발산한다.

6. $[1,\infty)$에서 $\frac{\sin^2 x}{x^2} \le \frac{1}{x^2}$이고, $\int_0^\infty \frac{1}{x^2}\,dx$는 수렴하므로 주어진 이상적분은 수렴한다.

7. $\displaystyle\int_{-\infty}^{\infty} e^{-x^2}\,dx = 2\left(\int_0^1 e^{-x^2}\,dx + \int_1^\infty e^{-x^2}\,dx\right)$이고 e^{-x^2}은 연속함수이므로 $\int_0^1 e^{-x^2}\,dx$가 존재하고, $\int_1^\infty e^{-x^2}\,dx$는 예제 5(i)에 의해 수렴하므로 주어진 이상적분은 수렴한다.

[5장 연습문제]

1. (a) $\frac{1}{4}(2x^2-x+1)^4+C$ (c) $-e^{\cos x - x}+C$

(f) $\int \ln(x+1)\,dx = x\ln(x+1) - \int \frac{x}{x+1}dx = -x+(x+1)\ln(x+1)+C$ (g) $\int \cos(\ln x)\,dx = x\cos(\ln x) + \int \sin(\ln x)dx = x\cos(\ln x) + x\sin(\ln x) - \int \cos(\ln x)\,dx \Rightarrow \int \cos(\ln x)\,dx = \frac{x}{2}[\cos(\ln x)+\sin(\ln x)]+C$

(h) $2(x-2\sqrt{x}+2)e^{\sqrt{x}}+C$

2. (a) $\ln 4 - 1$ (b) $\frac{\pi-2}{4}$

3. $1-x=u$로 치환한다.

4. $1-x=u$로 치환하면 $\int_0^1 f(1-x)\,dx = -\int_1^0 f(u)\,du = \int_0^1 f(u)\,du$

5. $u = 2\sin x$로 치환하면 $\displaystyle\int_0^{\pi/2} f(2\sin x)\cos x\,dx = \frac{1}{2}\int_0^{2} f(u)\,du = 3$

7. (a) 부분적분을 생각할 수 있다.

8. (a) 발산 (b) $4(\ln 4 - 2)$ (c) $-\frac{4}{3}$

(d) $\frac{\pi}{4}$ ($\int \frac{1}{4x^2+4x+5}\,dx = \frac{1}{4}\tan^{-1}(x+1/2)$이다.)

9. (a) 로피탈의 법칙을 반복 적용하여 $\displaystyle\lim_{x\to\infty}\frac{x^n}{e^x} = \lim_{x\to\infty}\frac{n!}{e^x} = 0$

(b) $\displaystyle\lim_{x\to\infty}\frac{x^n}{e^x} = 0$이므로 충분히 큰 A에 대해 $x \ge A$이면 $e^x \ge x^{n+1}$이므로 $0 < \frac{x^{n-1}}{e^x} \le \frac{x^{n-1}}{x^{n+1}} = \frac{1}{x^2}$이다.

(c) $\displaystyle\int_0^\infty x^{n-1}e^{-x}\,dx = \int_0^A x^{n-1}e^{-x}\,dx + \int_A^\infty x^{n-1}e^{-x}\,dx$임을 이용할 수 있다.

11. f'은 $[0,\infty)$에서 연속이므로 $[0,b]$에서 적분가능하고

$$\int_0^\infty f'(x)\,dx = \lim_{b\to\infty}\int_0^b f'(x)\,dx = \lim_{b\to\infty}[f(x)]_0^b = \lim_{b\to\infty}[f(b)-f(0)] = -f(0)$$

이다.

6. 적분의 응용

18. 극좌표

1. (a) $(0,2)$ (c) $(-4,0)$

2. (a) $x^2+y^2=9$ (c) $x=3$

4. (a) $(3/2,\pi/6)$, $(3/2,5\pi/6)$, 원점
(b) $(1,t)$; $t=\pi/12,\ 5\pi/12,\ 13\pi/12,\ 17\pi/12$
$(-1,t)$; $t=7\pi/12,\ 11\pi/12,\ 19\pi/12,\ 23\pi/12$
(c) $(\sqrt{3}/2,\pi/3)$, $(\sqrt{3}/2,2\pi/3)$, 원점 (d) (π,π)

5. (a) $y=\frac{2}{3}x-\frac{1}{3}$ (b) $y=\frac{x}{\pi}-\pi$ (c) $y=2x$ (d) $y=e(4x-7)$

7. (a) $\frac{1}{4t^3}$ (b) $-\frac{9\sin 3t\ \sin t+3\cos 3t\ \cos t}{\sin^3 t}$

8. (a) $\pi/8$ (b) π

9. (b) $y=2x+1$ (c) 3π

19. 넓이와 부피

1. $\frac{1}{2}$ **2.** $\frac{1}{3}$ **3.** $\frac{125}{6}$

4. (a) $[0,2]$에서 $y=x$를 x-축을 중심으로 회전시켜 얻은 회전체
(b) $[0,\pi]$에서 $y=\sqrt{\sin x}$를 x-축을 중심으로 회전시켜 얻은 회전체
(c) $[0,3]$에서 $y=x^2$를 y-축을 중심으로 회전시켜 얻은 회전체

6. (a) $\pi\int_{-1}^{2}[(x+2)^2-x^4]\,dx=\frac{72\pi}{5}$ (b) $\frac{\pi^2}{24}(\pi^2+6\pi+6)$

7. (a) $2\pi\int_0^1 x(\sqrt{x}-x^3)\,dx=\frac{2\pi}{5}$ (c) $2\pi\int_0^2 x(2x-x^2)\,dx=\frac{8\pi}{3}$

8. (a) $\frac{16}{5}\pi$ (b) $\frac{\pi}{6}$

20. 곡선의 길이와 회전체의 겉넓이

1. (a) $\frac{32}{3}$ (b) $\frac{1}{27}(80\sqrt{10}-13\sqrt{13})$ (c) $\frac{14}{3}$
(d) $\frac{64+\ln 3}{8}$ (e) $\frac{\ln 3}{2}$ (f) $2\ln(\sqrt{2}+1)$

2. (a) 4 (b) 3π **3.** (a) $\frac{5\sqrt{5}-1}{6}\pi$ **4.** $\frac{10\pi}{3}$

[6장 연습문제]

1. (극방정식이 직교방정식 전체를 나타낼 수 없는 경우도 있다.)

(a) $\theta = 0$ $(\theta = \pi)$ (b) $r = 4\sec\theta$ (c) $r^2 = 2\csc 2\theta$ (d) $r = \sec\theta\tan\theta$

2. (a) $x^2 + y^2 + 3x = 0$ (c) $y = x$ **3.** (a) $\pi/6,\ \pi/2$ (b) $\pi/4$

4. (a) $128/15$ (b) $1/6$ (c) π (d) $19\pi/2$ **7.** $\frac{\pi}{2}$

8. (a) $14/3$ (b) $5/12 + \ln 3/2$ (c) $123/32$ (d) $1/27(104\sqrt{13} - 125)$

9. (a) $2\pi(\sqrt{2} + \ln(1 + \sqrt{2}))$ (b) 39π

11. (a) $x = |OT| - |PQ| = r\theta - r\sin\theta,\ y = |TC| - |QC| = r - r\cos\theta$

7. 미분방정식

21. 미분방정식과 수학적 모델링

1. (a) $(\cos x + 2)' + \sin x = 0$ (c) $x(-2x)' - (-2x) = 0$

2. $(\sin x)' = (\sin x + 1)' = (\sin x - \frac{1}{2})' = \cos x$

3. $(Ce^x)' = Ce^x$

4. (a) $[A(t)]'(Ce^{kt})' = kCe^{kt} = kA(t)$ (b) $kCe^{kt} = kA(t) \Rightarrow A(0) = C$

(c) $Ce^{kt} = A(t) \Rightarrow e^{664k} = \frac{3}{4}$ (d) 약 1600년

5. (a) $k = \ln\frac{3}{2} = 0.4055$ (b) $h = \frac{\ln 3}{0.4055} \approx 2.71(h)$

22. 변수분리형 미분방정식

1. (a) $y = -\frac{1}{5}\cos 5x + C$ (b) $y = \frac{1}{3}e^{-3x} + C$ (c) $y = Ce^{-x} - 1$ (d) $y = Cx^{3/2}$

2. (a) $y = \tan(4x + \frac{\pi}{4})$ (b) $xy = e^{-(1+1/x)}$ (c) $y = \frac{\sqrt{3}}{2}\sqrt{1 - x^2} + \frac{x}{2}$

3. (a) $y^2 = 2\tan^{-1}x + C$ (b) $y^3 = \frac{3}{4}(2x + \sin 2x) + C$

(c) $y - 3\ln|y + 3| = 2\ln|x| + C$ (d) $y = C(x-1)^2 e^{2/3x^3 + x^2 + 2x}$

4. $\frac{y-1}{y} = -\frac{3}{2}x$

23. 일계 선형미분방정식

1. (a) $y = x^2 \ln|x| + Cx^2$ (b) $y = x - 1 + Ce^{-x}$ (c) $y = (1/2)e^{3x} + Ce^{x}$
(d) $r = \sin\theta + C\cos\theta$ (e) $x = y^3 + Cy^{-2}$ (f) $y = -x - 2 + Ce^{x}$
(g) $y = Ce^{-x} + \frac{1}{2}(\sin x - \cos x)$ (h) $y = Ce^{-x^2/2} + 2$

2. (a) $y = \frac{1}{x}\ln x - \frac{1}{x} + \frac{3}{x^2}$ (b) $u = t^3 - t^2$ (c) $y = -x\cos x - x$ (d) $y = xe^{x}$
(e) $y = \sin x + x^2$ (f) $y = e^{x}x^3 - x$

3. $\frac{dy_c}{dx} + P(x)y_c = C\frac{dy}{dx} + P(x)Cy = C\left(\frac{dy}{dx} + P(x)y\right) = 0$

[7장 연습문제]

1. (a) $y = (\frac{1}{2}x^2 + C)e^{-\sin x}$ (b) $y = \pm\sqrt{\ln(x^2 + 2x^{3/2} + C)}$ (c) $x^2 + y^2 = C$
(e) $y = -\frac{1}{2}(\sin x + \cos x) + Ce^{x}$ (f) $y = \frac{3}{4}x^3 + \frac{1}{x}C$

2. (a) $y = 5e^{x-x^2}$ (b) $y = \frac{1}{2}x(\ln x)^2 + 2x$

4. (a) $P(t) = \frac{2000}{1+19e^{-0.1t}}$ (b) $P(20) \approx 560$ (c) $t = -10\ln\frac{2}{57} \approx 33.5$

5. $y = \csc x, \quad \pi < x < 2\pi$

8. 행렬

25. 행렬의 연산

1. (e) $AC = \begin{bmatrix} 2 & 11 & -4 \\ 10 & 22 & 29 \end{bmatrix}$ (g) $(-B)(3C) = \begin{bmatrix} -6 & -3 & -33 \\ -30 & -81 & -72 \end{bmatrix}$

2. (a) $AB = O$, $BA = \begin{bmatrix} 10 & -8 & 28 \\ -5 & 4 & -14 \\ -5 & 4 & -14 \end{bmatrix}$
(b) 아니다.((a) 참고)

26. 역행렬과 행렬식

1. $A^{-1} = \frac{1}{ad-bc}\begin{bmatrix} d & -b \\ -c & a \end{bmatrix}$

2. $(AB)(B^{-1}A^{-1}) = A(BB^{-1})A^{-1} = AIA^{-1} = AA^{-1} = I$이고 비슷한 방법으로 $(B^{-1}A^{-1})(AB) = I$를 얻을 수 있다.

5. $A^{-1}(AX) = (A^{-1}A)X = IX = X = Y = IY = (A^{-1}A)Y = A^{-1}(AY)$

6. (a) -5 (b) $2^2 5 = 20$ (c) 25 (d) $\frac{1}{5}$

7. (a) -4 (b) -5 (c) 20

8. (a) 0, 가역행렬이 아님

(b) -2, $\frac{1}{2}\begin{bmatrix} 2 & 2 & 0 \\ -3 & -4 & 1 \\ -8 & -8 & 2 \end{bmatrix}$ (c) -20, $\frac{1}{20}\begin{bmatrix} 1 & -7 & 16 & 10 \\ 5 & 5 & -20 & -10 \\ -3 & 1 & 12 & 10 \\ 10 & 10 & -20 & -20 \end{bmatrix}$

27. 행렬과 연립일차방정식

1. (a) $\begin{bmatrix} -1 & 2 & -3 \\ 2 & -2 & 1 \\ 1 & -2 & 5 \end{bmatrix}$ $x = 7,\ y = 7,\ z = 2$

2. (a) $\begin{bmatrix} 2 & 1 \\ \frac{5}{4} & \frac{3}{4} \end{bmatrix}$ $x = 4,\ y = -2$ (c) $\frac{1}{9}\begin{bmatrix} 2 & 3 & 1 \\ 4 & -3 & 2 \\ -3 & 0 & 3 \end{bmatrix}$ $x = \frac{34}{9},\ y = -\frac{22}{9},\ z = \frac{4}{3}$

[8장 연습문제]

2. (a) $\begin{bmatrix} -5 & 3 \\ -3 & 2 \\ -9 & 6 \end{bmatrix}$ **3.** (a) -2 (c) $\frac{1}{2}\begin{bmatrix} 2 & 1 & -1 \\ 4 & 0 & -2 \\ 0 & -1 & 1 \end{bmatrix}$ (d) $-\frac{1}{2}$

4. (b) -8 (c) $\frac{1}{8}\begin{bmatrix} 11 & 2 & -7 \\ 5 & -2 & -1 \\ -4 & 0 & 4 \end{bmatrix}$ (d) $\frac{1}{2}\begin{bmatrix} 5 \\ 3 \\ -2 \end{bmatrix}$ (e) $x = \frac{5}{2},\ y = \frac{3}{2},\ z = -1$

5. (a) 0 (b) 0 (c) 0

찾아보기

대학일반수학

초판 인쇄 | 2023년 12월 05일
초판 발행 | 2023년 12월 10일

지은이 | 김미화·김연욱·김정헌
펴낸이 | 조승식
펴낸곳 | (주)도서출판 북스힐

등 록 | 1998년 7월 28일 제22-457호
주 소 | 서울시 강북구 한천로 153길 17
전 화 | (02) 994-0071
팩 스 | (02) 994-0073

홈페이지 | www.bookshill.com
이메일 | bookshill@bookshill.com

정가 18,000원

ISBN 979-11-5971-544-0